重力密度与孕震环境研究

——以青藏高原及其邻区为例

Research on Gravity Density and Seismogenic Environment: A Case Study of the Qingzang Gaoyuan and Its Adjacent Areas

李 伟 著

测绘出版社

·北京·

内容简介

地球重力场是地球内部密度分布的直接反映,测定和确定地球重力场及其时间变化对研究地震物理预测至关重要。本书利用不同时空尺度重力异常资料,结合固体地球物理、流变学等成果,以观测—理解—模型—预测的认知过程为主线,分析了青藏高原及其邻区的密度结构和孕震环境,为该区域地震物理预测提供理论支持。

本书可作为测绘科学与技术专业院校师生、地球物理研究工作者及基层业务人员的参考书。

图书在版编目(CIP)数据

重力密度与孕震环境研究 : 以青藏高原及其邻区为例 / 李伟著. -- 北京 : 测绘出版社, 2024.2
ISBN 978-7-5030-4288-1

Ⅰ. ①重… Ⅱ. ①李… Ⅲ. ①青藏高原－地球重力场－关系－孕震－研究 Ⅳ. ①P312.1②P315.72

中国版本图书馆 CIP 数据核字(2020)第 040523 号

重力密度与孕震环境研究——以青藏高原及其邻区为例
ZHONGLI MIDU YU YUNZHEN HUANJING YANJIU——YI QINGZANG GAOYUAN JI QI LINQU WEILI

责任编辑 安 扬　**封面设计** 李 伟　**责任印制** 陈姝颖

出版发行	测绘出版社	**电　话**	010－68580735(发行部)
地　址	北京市西城区三里河路 50 号		010－68531363(编辑部)
邮政编码	100045	**网　址**	https://chs.sinomaps.com
电子信箱	smp@sinomaps.com	**经　销**	新华书店
成品规格	169mm×239mm	**印　刷**	北京捷迅佳彩印刷有限公司
印　张	6.875	**字　数**	136 千字
版　次	2024 年 2 月第 1 版	**印　次**	2024 年 2 月第 1 次印刷
印　数	001－600	**定　价**	49.00 元

书　号 ISBN 978-7-5030-4288-1
审 图 号 GS 京(2023)2487 号
本书如有印装质量问题,请与我社发行部联系调换。

前 言

当前应用重力资料研究地球形状的理论与方法已得到充分发展；相比之下，应用重力资料研究地球密度的理论与方法相对较薄弱。考虑到重力异常的不同波长分别与地形、地壳和壳下构造、莫霍面和上地幔内部的不均匀性、软流圈的可能形态及相应的流动方向等有关，利用重力异常对岩石圈密度结构、地壳均衡模型、板块运动、青藏高原隆升机制、地幔耦合等地球科学中的"非地球形状问题"进行研究，很有必要。

地面重力测量是表征地表重力场以及用地壳密度异常来解释位场的基础信息。精度为毫伽的高分辨率重力覆盖，使人们能够确定由动力机制的多样性引起的地壳和地幔异常。以往无法单纯依赖二维的大地测量观测结果唯一地确定地球内部的物理、力学状态分布。但是，重力测量技术的进步和反演技术的改进，极大地扩展了重力方法的研究与应用领域。地球内部物质的变化和迁移都会引起地表重力信号的变化，因此利用重力场数据的处理、分析和反演方法，来获取研究目标的密度空间变化特征就变得非常真实、高效。基于异常体的密度和深度信息，用重力场分离方法来突出某一物质特征，对于后续的重力数据定量分析与解释具有非常重要的意义。结合重力学、地球物理学和地质学方法，能够更加深入地了解地球内部空间的物理属性变化情况，更加深入地揭示内部构造运动，并解决相应的地球科学问题。

印度次大陆与欧亚大陆的碰撞、青藏高原的隆升以及喜马拉雅山系的形成无疑是亚洲新生代地球科学史上的伟大事件。解决新生代以来最年轻的造山带的形成、演化及隆升机制的问题，需要地球科学各领域的研究成果和证据。而作为反映构造运动和深部过程地表表现的大地测量观测资料对于深入理解青藏高原及邻区的动力学过程有着非常重要的科学意义。随着现代空间大地测量技术的迅猛发展和多项大地测量观测计划相继在青藏高原及邻区的实施，青藏高原及邻区的大地测量和地球物理学研究涌现出了丰富多彩的成果，均对深入地认识高原深部结构及隆升、地质灾害机理等起到了重要的推动作用。

作为地球物理学和大地测量学的传统方法之一，重力学方法在青藏高原构造运动和隆升进程的研究中发挥着重要的作用。一方面，测定重力的时间变化对于研究高原现代地壳垂直运动和高原隆升有着重要的意义；另一方面，重力信息对了解青藏高原下地幔一级流变反差具有突出的贡献，因而对确定高原现代等温线和地幔的流动形式具有重大意义。

本书以重力孕震为主线，论述了重力密度和孕震环境研究的方法，并以青藏高原及邻区为例，收集了1998年至2018年青藏高原及邻区的大量重力观测资料，对其进行了统一处理，并对该区域的重力密度与孕震环境进行了探讨。

在本书编写过程中，武汉大学许才军教授、兰州交通大学闫浩文教授给予了极大支持。

本书涉及的研究工作得到了国家自然科学基金“动态大地测量地球物理数据联合反演模式及应用研究”、中国博士后科学基金“青藏高原东缘地震构造运动特征的时变重力监测方法”、地球空间环境与大地测量教育部重点实验室测绘基础研究基金“川滇地区重力场变化与地震危险性的研究”和山东省基础地理信息与数字化技术重点实验室开放基金“秦岭造山带密度结构特征与孕震环境分析”等项目的资助。本书取材于笔者近几年完成的研究工作，其中有些内容已在国内外的有关刊物上发表。

由于当下测绘科学与技术发展迅猛，地球科学的研究更加精细深入，鉴于笔者视野有限，书中难免有不足之处，敬请读者批评指正。

目　录

第1章 绪 论

§1.1 研究背景与意义

重力学是研究地球重力场的时空分布规律及测量方法的科学(Heiskanen et al,1967;Moritz,1980;Lambeck,1988)。测定和分析地球表面的重力变化,尤其是与地球偏离球形有关的重力变化,为大地测量学研究地球形状提供了有意义的依据;而反映地下岩石密度横向差异的重力变化,对研究地球内部空间的物理属性变化极为重要。

应用重力资料研究地球形状的理论与方法已得到充分发展,相比之下,应用重力资料研究地球密度的理论与方法却显得比较薄弱。传统的地球重力场与地球形状学密不可分,但在对地球密度的研究中应用较少,经典的斯托克斯理论与莫洛坚斯基理论均以回避地球密度分布为数学前提来研究地球形状。随着空间大地测量技术的快速发展和地球形状学理论的日益完善,地球形状学对地球重力学理论研究新成果的需求已有所淡化。考虑到重力异常的不同波长分别与地形、地壳和壳下构造、莫霍面和上地幔内部的不均匀性、软流圈的可能形态及相应的流动方向等有关,利用重力异常对岩石圈密度结构、地壳均衡模型、板块运动、青藏高原隆升机制、地幔耦合等地球科学中的"非地球形状问题"进行研究,就显得很有必要。

重力场是区域构造和深部物质分布的直接影像。作为地球的基础位场之一,相比于其他地球物理方法,重力场具有其独有的优势,即具有本源性和固有性,而且地下空间密度、地球内部物质的变化和迁移都会引起地表重力信号的变化,因此,利用重力场数据的处理、分析和反演方法来获取研究目标的密度空间变化特征是非常经济高效的手段。重力测量技术的不断进步和反演技术的改进,也极大地扩展了重力方法的研究与应用领域。结合重力学、地球物理学和地质学方法,能够更加深入地了解地球内部空间的物理属性变化情况,更加深入地揭示内部构造运动,并解决相应的地球科学问题。

大陆在受到挤压的过程中,会出现地壳增厚和造山、下地壳及岩石圈地幔拆沉、地壳物质横向流动和重力失稳造成的滑塌等一系列相互关联的动力学过程。因此,利用不同尺度的重力异常资料,以青藏高原及邻区的岩石圈构造特征、密度分布为主要目标,结合地震活动、地壳形变场与应变率场、构造学等的新成果与新认识,研究青藏高原及邻区的构造运动、岩石圈三维密度结构、壳幔相互作用、孕震等深部动力学问题，具有重要的科学意义。

构造地震的成因也是国内外地震学家探索的重要问题。区域构造应力场、地壳结构、介质物性等，也是孕震发生过程研究的重要内容，这些研究在很大程度上取决于观测资料的丰富程度。喜马拉雅东构造结是印度板块和欧亚板块碰撞、挤压的畸点，横跨印度河—雅鲁藏布缝合带，该区域内断裂构造复杂且具有较强的横向不均匀性，是青藏高原快速隆升和剥露的地区之一。2017 年西藏米林 M_W 6.5 地震的发生，提升了人们对喜马拉雅东构造结地区的孕震环境、形变特征与演化机制的关注度。

同时，受到青藏高原东缘地区龙门山一带明显的构造地貌特征的影响，从下地壳流、三维塑性管流等地球动力学模式的角度来解释龙门山构造复合带的地貌现象的研究愈来愈热；但对该地区的物理场变化与构造运动关系的研究相对较少。因此，通过大地测量观测资料、地壳模型和地质资料，获得该区域的浅源物质的变化特征，并从地壳构造运动的角度对其进行深入研究，具有重要的理论和实际意义。

§1.2 国内外研究现状

1.2.1 重力观测及应用

随着重力观测的不断发展，利用时变重力观测获得区域构造运动与重力变化结果等的研究涵盖了众多的监测方法，这些都为构造运动背景和孕震环境研究提供了有意义的科学参考。祝意青等(2009，2013，2018a，2018b)利用绝对重力和相对重力的观测资料，从动态的观点研究了地震前后区域重力场变化特征及其与地震活动的关系，发现区域重力场时空动态变化结果反映了伴随活动断层的物质迁移和构造形变引起的地表重力变化效应，以及流动重力观测能较好地捕捉强震孕育发生过程中的重力异常变化信息。申重阳等(2009)基于区域重力场动态变化特征，研究了汶川地震的孕震机理，为孕震发生时间判定提供了依据。陈石等(2011，2014)基于青藏高原及邻区的汶川、鲁甸和尼泊尔地震等，研究了时空范围内的重力场变化、三维密度结构等特征，指出重力测量结果、重力场变化规律、密度结构均对孕震环境研究具有重要意义。姜永涛(2015)对川滇地区地壳运动和重力场变化进行了研究，指明区域强震活动与重力场变化有一定的关联性。杨光亮等(2015)利用穿过龙门山断裂带的重力剖面获得了龙门山地区的二维密度结构，并以此为基础分析了汶川地震的孕育背景和发震机理。李大虎(2016)采用三维视密度反演方法获得了川滇地区重力异常的分布特征，剖析了川滇交界地段强震潜在危险区。毛经伦等(2018)阐述了地面重力观测数据在地震预测中的作用，指出了地面重力测量技术在地震前兆观测中不能有效消除相对重力仪器标定系统引起的测量误差,以及测网分辨率低和物理机制研究欠缺的问题。

同时,大地测量技术的发展和观测数据的累积也为地壳形变与重力变化研究提供了有利条件。王伟等(2018)和王海涛等(2019)利用移去恢复法、负荷格林函数法和球谐分析法,确定了区域大气负荷对地壳形变和重力变化的影响,指出大气负荷对垂直形变的影响在空间分布上表现为中长波占优;章传银等(2018)采用负荷形变与地球重力场严密组合方法,反演确定了区域环境负荷驱动的地壳形变与重力变化;章传银等(2019)采用已知负荷的移去恢复法,提出了时变重力场及负荷形变场的精化方法,实现了地面稳定性变化的定量跟踪监测,并指出该方法具备对地质灾害灾变过程追踪与前兆捕获能力。祝意青等(2018a)对地震监测预报中重力监测的研究工作进行了综述,指出了监测网络分散等问题。吴晓峰等(2019)利用卫星导航定位基准站(CORS)获得的垂直形变速率,对重力变化进行了布格梯度改正,获取了重力场的季节性变化,并指出其结果能更准确地反映地壳运动的实际情况。

1.2.2 位场数据处理与解释理论

地球重力场由地球的引力场和离心力场组成,不仅可以通过地面直接观测,还可以通过卫星轨道参数的变化来确定(Ardalan et al,2005)。通过对位场数据进行求解来探测地下空间密度分布是重力学应用的基本问题。位场分离是非常重要的重力数据处理方法,根据研究目标的密度和深度信息,用重力场分离方法来突出某一特征的地质特征,对后续的重力数据定量分析与解释具有非常重要的意义。目前,重力场分离的方法和手段众多,主要包括空间域和频率域方法:空间域方法主要有趋势分析方法;频率域方法主要有多尺度小波分析方法、匹配滤波方法、维纳滤波方法等(安玉林 等,2013)。空间域的趋势分析方法仅能简单地将重力异常分解成局部场和区域场,而重力异常是由不同深度、不同尺度的地下异常重力效应叠加而成的,因此采用空间域的分离方法不太容易将研究目标的特性分离,不能清晰地分辨出地球内部空间不同尺度和深度的更多细节部分。频率域的最大优势就是能分析重力异常的不同频率和波段的信息,对重力异常进行滤波分离,从而获取研究目标的重力信息。

重力三维反演方法是非常重要的定量分析方法,该方法利用地表观测的重力数据获取地下空间的三维密度分布信息,是非常有效的重力应用方法。同时,该方法也存在求解问题,主要分为以下三个方面:①地表观测的重力数据是二维的物理场信息,而地下空间的密度分布信息是三维空间信息,因此利用地表观测数据获取地下空间的密度分布信息是非常困难的,是利用少量的地表信息获取大量的地下信息,存在多解性问题;②存在重力场的等效性问题,地下不同形态的密度分布特征会在地表产生相同的观测信息,也存在多解性问题;③具有重力场信息的体积效应,地表每一个观测点的观测重力数据都是地下异常密度变化的综合反映,体积不同、密度不同的目标会在地表产生同样的重力观测信息。因此,重力三维反演方法是不稳定的,很难获取准确且唯一的反演解,这就是反演的不确定性,在进行重力反演的定量分析时需要克服和解决这些问题。

为了解决重力三维反演方法的求解问题,地球物理学家将不断完善的数学方法和数据处理手段应用于重力三维反演问题的求解中。目前,主要有两大类解决方法。

(1)直接反演。利用正演模型与实际重力数据进行拟合分析研究,将大量的先验地质信息与其他地球物理模型相结合,并应用于重力三维反演,其主要的应用模型为人机交互式反演(Oezsen,2004;Caratori et al,2009)。该反演方法通常用于地下埋深较浅且异常源的几何形状非常复杂的地质模型,而且其反演结果主要基于应用者对该区域地质情况的了解,因此非常依赖应用者的主观意愿。

(2)利用数学方法寻找最优解(稳定且唯一解)。该方法建立地表观测重力数据与地下空间密度分布数据之间的线性或非线性关系,利用对应的数学方法获取研究目标的形状、空间位置以及密度的分布情况。基于这种方法,多种反演方法被研究出来并应用于实际数据,主要分为引入少量先验信息的密度反演方法(Last et al,1983;Li et al,1998a,1998b;Bertete-Aguirre et al,2002)和引入大量先验信息的密度反演方法(Guillen et al,1984)。

在重力解释深部构造的研究中,若缺乏大量地质资料,反演方法很难被更好地利用。因此,地球物理学家开始研究在建立的目标函数中加入更多的数学约束条件,降低反演过程中出现的不稳定性和非唯一性,以得到更加准确的反演结果。这种反演方法最初都是以吉洪诺夫(Tikhonov)正则化理论为基础进行研究的。例如,将先验信息以权函数的形式加入模型参数函数,通过对模型参数函数的约束,使目标模型函数和数据拟合函数误差达到最小,得到理论上最优的反演结果。同时可以根据不同位场数据的根本特征加入不同约束条件,来克服位场数据自身的缺陷(如重力三维反演中核函数的趋附效应)。Last 等(1983)利用异常源体积最小化的分析方法,将异常源的体积压缩在一个更加合理的范围之内,使反演异常源的密度边界更加清晰。Guillen 等(1984)在这种原理的基础上进行改进,加入异常源中心或长、短轴线倾角与倾向的先验信息,得到更加符合实际地质情况的异常源分布特征。Li 等(1996,1998a,1998b)将这种反演方法移植到重力、磁法反演中,通过深度加权函数抵消重力、磁力位场数据的趋附效应,获得符合实际地质情况的反演结果。

此后,Portniaguine 等(1999)、Zhdanov 等(2004)和 Commer(2011)根据这种方法的原理引入法函数,将重力、磁法反演结果约束在合理的地质范围内,研究出更加有效的反演方法,该方法就是聚焦反演,并将这种反演方法应用到位场张量数据反演中。Caratori 等(2012)将聚焦反演应用于南太平洋新西兰的磁场数据研究中,并给出了准确的反演结果。Herceg 等(2016)研究了地壳改正对重力数据计算岩石圈地幔密度的敏感性,分析了地壳结构重力效应的不确定性与上地幔重力及密度的不确定性之间的关系。岩石圈地幔的温度和位置的变化致使上地幔密度的分布出现了不均匀性,最终导致岩石圈出现重力异常现象,岩石圈地幔密度的不确定性和不完整的地壳结构信息都对重力模型构建起到制约作用。Liu 等(2018)分析了由地球内部地幔物质引起的重力异常,采用重力异常分离技术分析由地幔物质不均匀性引起的重力异常,并分析了地幔物质的运移情况。Prasad 等(2018)应用布格异常分析了印度中部地区的上地壳密度结构变化。同时,一些地球物理学家建立了数据与异常体的非线性关系,利用数学方法研究出了非线性反演方法。Commer(2011)根据非线性的共轭梯度法引入了加权函数的重力梯度反演方法,并以函数的形式引入了密度约束的上下限函数,对地球物理位场数据的处理(即重力三维反演方法)具有非常重要的意义。这些反演方法的研究对于重力位场数据的定量解释具有重要的推动作用。

1.2.3 青藏高原及邻区构造特征

1. 青藏高原及邻区的岩石圈结构

国内外学者利用重力、地震及其他资料对青藏高原及邻区的岩石圈结构进行了大量的研究。

(1)重力方面。冯锐(1985)利用全国的布格异常数据,基于 Parker-Oldenburg 重力反演方法得到了全国的地壳厚度和上地幔密度的分布特征,结果显示青藏高原及邻区的地壳厚度变化与大地构造有一定对应性。曾融生等(1995)利用深地震测深剖面资料,得到了我国大陆莫霍面深度图,根据莫霍面深度可将我国大陆分为8个地壳块体,且块体内部莫霍面深度变化不大,而不同块体之间,莫霍面深度有很大变化。Braitenberg 等(2000)在地震剖面资料的约束下,利用区域重力资料,采用频率域迭代反演算法研究了青藏高原地区的莫霍面起伏,结果表明青藏高原大部分地区地壳厚度可达 70~75 km,且近似处于地壳均衡状态。熊熊等(2002)利用重力异常计算了青藏高原及邻区地幔对流应力场与地表地壳运动格局,结果表明青藏高原东缘地壳与地幔物质存在运动解耦,三江地区岩石层整体强度较弱,地壳高强度部分仅局限于上地壳 20~25 km 处。姜永涛(2015)对川滇地区地壳运动和重力场变化进行了研究,指明区域强震活动与重力场变化有一定的关联性。玄松柏(2016)对青藏高原东缘的地壳结构和物质运移进行了研究,发现东缘地区存在明显的物质流动。尹智(2016)利用地面重力数据提取了青藏高原的上地幔重力变化,提出了青藏高原局部区域岩石圈的动力学模型。Chen 等(2017b)基于卫星重力场模型，反演计算了青藏高原区域的莫霍面深度，确定了青藏高原地区的莫霍面密度差。李伟(2019)通过多源重力数据，恢复了青藏高原及邻区的区域重力场，从垂向分层、横向分块的角度进行了深入研究。

(2)地震方面。Zhang 等(2004)利用 P 波、S 波在波数域中的特性，采用宽角地震廓线的方法得出了青藏高原地区地壳厚度。蔡学林等(2007)通过我国大陆及邻区地震测深剖面的系统构造解析，建立起我国大陆岩石圈地壳厚度与速度结构模型。Bao 等(2013)利用区域地震台网记录数据和已有的参考模型，对青藏高原北东向的中生代—新生代岩石圈的构造演化进行了研究，获得了 120 km 深度的地壳和上地幔结构，并通过层析成像技术揭示了青藏高原北东向的形变。Bao 等(2015)利用地震阵列数据，对瑞利波和接收函数作联合反演，得到了低速区的高分辨率三维成像，发现西藏东南向主要走滑断裂区存在两个区域的低速地壳流，并证实了青藏高原物质向东逃逸的现象，且低速地壳流对西藏东部的新生代岩石圈形变起到了重要的作用。Jiang 等(2016)利用 321 个地震台站所记录的环境噪声和面波数据，通过层析成像技术与贝叶斯蒙特卡洛方法的结合，构建了三维地壳 V_S 速度模型，对青藏高原区域的地壳结构进行了研究，讨论了川南大巴山的形变和青藏高原新生代的增长现象。Kong 等(2016)通过 71 个宽频带地震仪，研究了青藏高原东缘和四川盆地地区的地壳各向异性与韧性流动。Tiwari 等(2017)通过 501 个 S 波分裂数据估计了青藏高原地区的地震各向异性参数、分割时间延迟和快速极化方向，研究了区域地壳结构，指出在欧亚板块下的印度板块边界存在多级俯冲，岩石圈物质存在向东南方向运移的情况。Kong 等(2018)将 50 个地震台站获取的地震层析成像和震源机制解相结合，对青藏高原东南缘的岩石圈进行了研究，解释了区域岩石圈相对于软流层的运动，可能与俯冲印度板块的向西回滚有关。Li 等(2018a)通过 P 波、S 波数据，给出了青藏高原及邻区的高分辨率的岩石圈地幔结构，指出西藏南部地壳和地幔岩石圈的形变是强耦合的。Zheng 等(2018)研究了青藏高原东南缘的地壳各向异性及其地球动力学作用，表明青藏高原东南缘下方存在中下地壳流动，且断裂带中的各向异性可能与流体填充有关。

(3)其他方面。Artemieva(2006)利用最新的地表热流数据，给出了青藏高原大陆岩石圈的温度分布和热学厚度。Bai 等(2010)估算了我国大陆的地震—热学岩石圈厚度，指出青藏高原及邻区的岩石圈厚度变化较大，约为 160～220 km。Sun 等(2013)计算了我国大陆及邻区的岩石圈三维热结构及热学厚度，结果显示青藏高原的下地壳厚度最大，而强度最低，且青藏高原的岩石圈强度和等效黏滞性系数均低于华北、华南和印度板块等。姜光政等(2016)对我国大陆地区 1 230 个大地热流数据进行了汇编，发现青藏高原受控于新生代欧亚板块和印度板块碰撞的影响，高热流区主要集中在印度河—雅鲁藏布缝合带和沿南北向展布的裂谷带，总体热流值向北逐渐降低，并伴随局部的高热流区。

2. 青藏高原及邻区的深部环境

20世纪80年代，中国、美国和法国等国的众多科学家开展了青藏高原与喜马拉雅山脉深部剖面探测（INDEPTH）国际合作研究计划（Brown et al，1996；Chen et al，1996；Makovsky et al，1996；Nelson et al，1996；Hauck et al，1998；Zhao et al，2001；Haines et al，2003），揭示了青藏高原碰撞造山的作用过程（许志琴等，1996；赵文津 等，1996；滕吉文 等，1997）。而青藏高原及邻区在受到挤压的过程中出现的一系列动力学过程又与岩石圈的流变学性质有密切联系。许多学者应用连续介质力学原理和方法也研究了青藏高原隆升、演化的动力学过程（England et al，1982，1986，1989；Houseman et al，1986；Avouac et al，1996）。这些模型均未考虑蠕变率沿深度的变化。但是，高原地形变化、应变分区及壳幔耦合程度均强烈依赖随深度增加而发生的蠕变率的变化。Jin 等（1994）的力学研究却表明高原的蠕变率强度很弱。Royden 等（1997）结合地壳、地幔不同圈层模型，假设地壳蠕变率沿深度变化，模拟了青藏高原在印度板块碰撞挤压下的地壳、地幔的形变过程，结果显示了高原南北缩短、东西拉张和高原东部绕东喜马拉雅汇聚带旋转等高原动力学特征。对青藏高原及邻区的壳幔解耦及下地壳流动学的研究发现，下地壳的流变学性质对拆沉起关键作用，下地壳内软流层的存在是解耦带发生拆沉的先决条件（Schott et al，1998；Doglioni et al，2011；Pollard et al，2018）。

1.2.4 青藏高原及邻区地壳运动

青藏高原及邻区的地壳运动形变特征是地球科学研究的热点。Wang 等（2001）收集了我国大陆及邻域229个全球定位系统（Global Positioning System，GPS）测站观测资料，解算得到稳定的欧亚大陆框架下的GPS测站速度，结果显示青藏高原内部呈现北北东向挤压，而青藏高原东南部呈现围绕喜马拉雅东造山带作顺时针旋转运动。王敏等（2003）利用中国地壳运动观测网络的GPS观测数据，发现内部形变广泛分布在青藏高原，很难用块体运动来描述，但青藏高原边缘的地壳形变具有一定的块体运动特征。Gan 等（2007）通过扣除青藏高原的整体刚性运动，以最大限度突出青藏高原内部不同构造区域间的水平差异运动，揭示了青藏高原内部最显著的地壳形变表现为一条冰川状塑性流滑带。Liang 等（2013）根据青藏高原及周边区域750个GPS测站的观测资料，获得了1999—2013年青藏高原地壳的三维运动特征，其中水平速度场显示出由陆陆碰撞引起的青藏高原不同区域的逆冲挤压、横向逃逸和顺时针旋转特征，而垂直运动速度场则显示青藏高原整体上呈现抬升趋势。其中，以甘孜—玉树断裂带和鲜水河断裂带为界，北侧的马尔康块体的GPS速率方向自西向东由东向转为东南向，其值逐渐减小，在龙门山次级块体中存在明显的东南向地壳缩短现象。Hao 等（2014）根据青藏高原东缘1970—2012年间的精密水准数据，获得了该区域现今垂直地壳运动速度场，结果显示青藏高原东缘绝大部分地区正在隆升，与GPS水平速度场结合，研究了区域地壳运动特征和动力学机制，发现青藏高原东南地区的中部和南部地区的地形下沉是源于东西向的拉张。同时发现，过多物质涌入下地壳/上地幔边界带，导致上下地壳运动，而水平物质运移导致上下地壳运动存在差异。其中马尔康块体存在普遍的地壳隆升现象，速率最大可达4 mm/a，而龙门山断裂前端四川盆地的中西部呈现地壳下沉的运动特征。Xu等(2016)利用四川省2008—2015年间汶川震中附近的11个GPS测站连续观测数据，对区域速度场进行了更新，计算出川滇地区主要块体的运动速率，各主要活动断裂带的滑动速率与地质资料相符，用以对1997—2015年间瞬时震后形变进行校正。青藏高原东缘区域的复杂动力学环境所产生的下地壳流动和地壳缩短增厚现象，与其他学者通过地震层析成像和合成孔径雷达干涉测量(InSAR)处理所得结果相符。Zheng等(2017)给出了我国大陆及邻区的2 576个GPS测站的运动矢量，发现印度板块以43 mm/a的速率插入欧亚板块，使帕米尔高原向北北西向运动；喜马拉雅弧形部分以50 mm/a的速率向北对欧亚板块推进；印度板块东端则以60 mm/a的速率向北北东向楔入欧亚板块。Pan等(2018)使用GPS及重力场恢复和气候实验卫星(GRACE)数据建立了青藏高原地区1999—2016年间的三维地壳形变场，并结合用卫星测得的水平速度场，分析了青藏高原的应变模式，指出青藏高原部分地区存在明显的地壳挤压和垂直构造形变。Pan等(2019)通过GPS和GRACE资料的联合反演，估算了冰川和构造源对天山垂直形变的贡献，并利用水平速度场推导出该区域的地壳缩短率，将其与区域块体运动联系起来。

1.2.5 青藏高原及邻区重力场与密度结构

重力场能够反映地球表层与内部结构、物质密度分布与运动的情况。随着Pavlis等(2012,2013)通过物理大地测量的方法对多源数据进行融合处理，确定了地球重力场模型(Earth Gravitational Model 2008,EGM2008)，使重力场的应用研究得到了新的延拓，涉及地球物理、地质调查、能源资源勘探、环境科学、军事工程、地质灾害等领域(Li et al,1998b;Portniaguine et al,1999;Boulanger et al,2001;Zhu et al,2008;申重阳 等,2009;Timmen,2010;Meng,2018)。固体构造方面，重力异常信息可以用来确定不同深度的密度界面、密度横向空间变化等特征。

近年来，国内外学者对青藏高原及邻区重力场的应用开展了诸多研究。朱思林等(1994)反演计算了青藏高原东南缘地壳上、中、下三个密度界面展布，构建了滇西地区地壳的基本框架。蒋福珍(2002)结合重力与地震资料获得了三江地区莫霍面深度和岩石圈密度分布，用以解释、分析地壳形变特征。Jiang等(2005)利用重力资料计算了青藏高原东缘龙门山地区岩石圈的有效弹性厚度，解释、分析了不同块体单元岩石圈强度和形变特征。邢乐林等(2007)基于艾里均衡假说，以

CRUST 2.0 模型提供的密度和莫霍面深度为计算参数，计算得到了青藏高原的均衡重力异常，并结合地震资料从均衡的角度对青藏高原的地震构造动力学进行了解释。王谦身等(2009)通过对比莫霍面深度和地壳均衡深度，分析、解释了龙门山地区地壳的稳定状态。Steffen 等(2011)利用地球重力场模型，对天山地区地壳上地幔结构进行了研究，确定了该区域的莫霍面深度。Shin 等(2007)利用 GRACE 卫星重力数据反演研究了青藏高原及邻区的莫霍面深度，提供了青藏高原及邻区的地壳结构分布。Jiang 等(2012)利用小波分析方法研究了川滇地区不同尺度重力异常的构造含义。周文月等(2014)应用欧拉反褶积方法分析了地震发生前、后的密度变化情况，分析并划分了龙门山地区及邻区的断裂分布特征。Deng 等(2014)扣除华南地区沉积层、结晶基底、莫霍面的重力异常，得到了剩余重力异常，进一步反演剩余密度分布，从重力学角度提供了峨眉山大火成岩省中溢流玄武岩形成的证据。Kaban 等(2014)将重力数据反演和地震层析成像法相结合，研究了亚洲上地幔密度模型，并解决了地球内部构造问题。陈石等(2014)反演计算了2014年鲁甸地震震源区三维密度分布，基于震源深度给出了地壳深部孕震机理。杨光亮等(2015)利用穿过龙门山断裂带的重力剖面获得了龙门山地区的二维密度结构，并以此为基础分析了汶川孕震背景和发震机理。申重阳等(2015)结合维西—贵阳观测剖面重力异常和地壳密度结构，分析、讨论了区域深部构造特征及其动力学含义。Li 等(2019)利用重力资料，反演获取了青藏高原东构造结地区的密度结构，分析、研究了米林地震的介质环境。

综上所述，若对地壳物性参数进行高分辨率成像，则对岩石圈物质运动的分析大有帮助，既可以限定可流变物质和物质运动的通道、圈定下地壳活动带，又对研究区域的孕震环境和地震发生机制至关重要。

§1.3 研究内容与技术路线

1.3.1 主要研究内容

本书研究的总体目标是利用不同时空尺度的重力异常资料，以青藏高原及邻区的地壳形变、密度分布和孕震环境为主要目标，结合地质、地震活动、地壳形变场与应变率场、构造学的成果与认识，研究青藏高原及邻区现今的构造运动，通过确定岩石圈三维、四维密度信息，从重力学角度分析区域密度结构与孕震环境等。

本书的研究内容包括以下几个方面：

(1)研究了重力数据处理与反演解释方法。对测量获取的重力数据进行了预处理，采用位场分离方法获取了由地球内部地壳、地幔等固有构造引起的区域重力场重力异常和由内部物质流动产生的地球内部构造变化而引起的局部重力异常；

研究了重力异常的定量解释方法，提高了计算的时空效率。

(2)对青藏高原及邻区的大地测量、地球物理及地质资料进行了分析研究，掌握了该区域的介质属性、块体运动形变特点，将其作为对该区域重力测量结果进行定量解释的背景信息和约束条件。通过数据处理方法确定了青藏高原及邻区的地壳内部不均匀性和构造的重力异常信息。综合区域地质和地球物理结果对异常信息作了定性分析。通过重力反演方法确定了三维密度结构，并对区域构造特征进行了定量解释。

(3)确定了2017年西藏米林 M_W 6.5地震的震源参数，研究了该区域孕震环境与地震成因机制，探析了东构造结的演化模型。喜马拉雅东构造结是印度板块和欧亚板块碰撞、挤压的畸点，该区域内断裂构造复杂且具有较强的横向不均匀性。

(4)青藏高原东缘地区现今形变特征明显。利用该地区的地震重力观测数据，分析了依时间变化的重力值；确定了时变重力信号的不同影响因素，并构建了模型予以改正；对时变重力进行了综合性的解译。

1.3.2 技术路线

本研究的技术路线如图1.1所示。

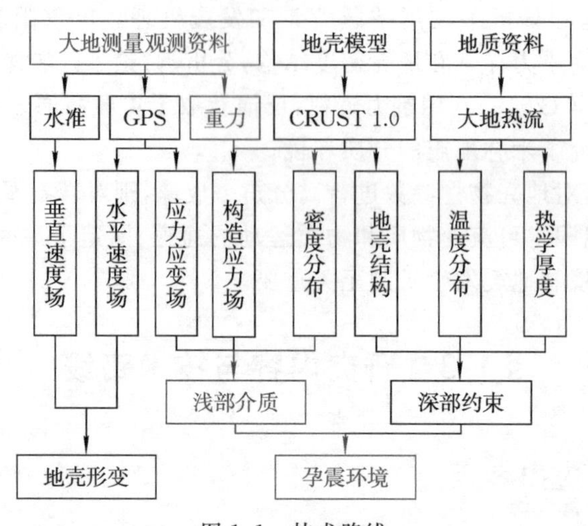

图1.1 技术路线

(1)方法建立。利用多源重力测量数据，建立时变重力监测方法体系；恢复区域重力场；利用重力三维反演确定地壳密度结构。

(2)研究区数据收集与分析。基于观测资料，对区域重力数据进行处理，分析重力异常特征，研究其与区域构造的关系。

(3)重力密度变化解译及孕震环境判识与分析。以青藏高原及邻区的密度结构为目标，分析区域孕震环境与地震成因机制；对时变重力进行解译，探析密度随时间变化的缘由。

§1.4　主要研究成果

随着地球物理与大地测量领域中观测技术的提高、观测资料的积累以及反演方法的改进，综合多种观测资料进行地球内部结构的研究，已成为地球物理与大地测量领域的重要研究方向。本书利用不同时空尺度的重力异常资料，以青藏高原及邻区的密度结构和孕震环境研究为主要目标，结合固体地球物理学、构造学等的新成果与新认识，分析青藏高原及邻区的现今构造框架，推断其形成及演化、壳幔相互作用、孕震和深部动力学过程。本书系统地讨论了重力学在青藏高原及邻区的密度结构和孕震环境问题研究中的理论与方法，充分体现了大地测量学与地球物理学、地质学互相结合、互相渗透的特点。

本书首先介绍了重力数据处理的基本理论和方法，提出了改进的重力反演方法。其次，利用分离后的剩余重力异常，对青藏高原及邻区的岩石圈三维密度结构进行了反演，完成了成像工作，并结合其他地球物理学和地质学研究成果，对反演结果进行了地球物理定性分析和定量解释。最后，从重力学的角度对青藏高原及邻区的地壳运动与形变特征、孕震环境等进行了探讨。取得的研究成果如下：

(1)重力数据处理与解释。提出了一种改进的重力密度反演方法，可以克服反演矩阵条件数过大引起的解算不稳定问题，有效提高了反演结果的可靠性。

(2)青藏高原及邻区的重力场特征及意义。利用青藏高原及邻区的多源重力资料，构建了区域重力场模型，反演了该区域三维密度结构，定量解释了区域的构造形变特征。

(3)青藏高原及邻区的密度结构与构造运动的关系。对区域内高精度的静态和动态重力场进行了数据处理，并通过密度反演，获取了区域密度结构分布，并结合区域的地质、地球物理研究成果，对区域内的构造形变与运动特征进行了分析解释。

(4)利用InSAR和地震波反演了米林地震的震源参数，结合区域地球物理资料发现该震源位于高密度、低波速、高电阻率层位，指出了米林地震是青藏高原地壳围绕东构造结顺时针旋转与南迦巴瓦峰快速隆升共同作用的结果。

(5)基于青藏高原东缘多期地震重力观测数据，反演获取了时变密度扰动信息，结合区域地震地质资料和流变学模型的研究，表明了孕震与密度的时间变化有关。

第2章　重力数据处理及快速三维反演方法

§2.1　引　言

地球表面起伏不平以及地球内部物质分布不均匀是引起重力变化的主要原因，地球重力场是研究地球形状、内部物质整体分布的重要数据，而重力异常是研究地球内部物质流动、密度变化的关键数据。地表测量获取的重力数据反映了由不同尺度、不同深度的密度分布情况所引起的叠加效应。想要直接通过获取的重力数据分析地下空间的全部密度变化特征是非常困难的，很难获取到真实有效的信息。因此，需要根据对研究目标区域的了解与认识来分析研究对象的大致特征和属性，利用重力异常数据的处理方法提取研究目标的直接重力响应，并对重力异常进行有效的分析与解释。

§2.2　重力和重力异常

2.2.1　重　力

地球上任何物体都要受到重力的作用。地球表面及其附近空间的一切物体都要同时受到两种力的作用：一种是地球质量产生的引力 $\boldsymbol{F}$；另一种是地球自转引起的惯性离心力 $\boldsymbol{C}$。两种力同时作用在某一物体上的矢量和，被称为重力 $\boldsymbol{P}$，$\boldsymbol{P}=\boldsymbol{F}+\boldsymbol{C}$，如图2.1所示。

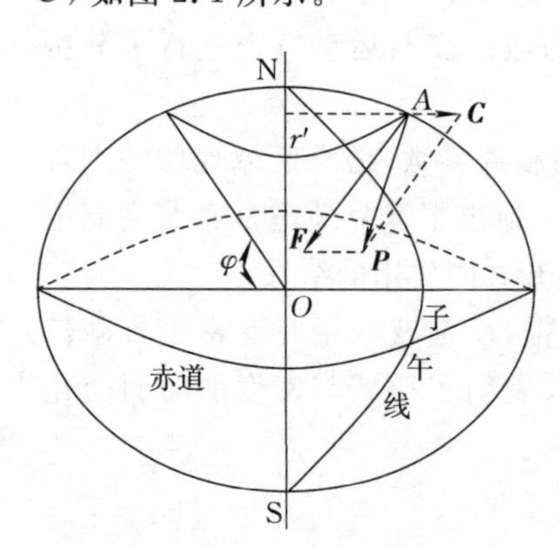

图2.1　地球外部任一点所受的重力

地球周围存在重力作用的空间，被称为重力场。从力的观点看，可以用重力场强度来描述重力场的性质，重力场中某点的重力场强度等于单位质量的质点在该点所受的重力。根据牛顿第二定律可得 $P=mg$，其中，m 表示质量，g 表示重力加速度，则

$$\left.\begin{aligned}&P=mg\\&F=-G\frac{M_{\mathrm{E}}\cdot m}{R^{3}}R\\&C=m\omega^{2}r'\\&g=\frac{P}{m}=-G\frac{M_{\mathrm{E}}}{R^{2}}+\omega^{2}r'\end{aligned}\right\}\tag{2.1}$$

式中，G 为万有引力常数($6.67\times10^{-11}\ \mathrm{m^3\cdot kg^{-1}\cdot s^{-2}}$)，$M_E$ 为地球质量，R 为物体至地心的距离(表示径向矢量)，负号表示 F 与 R 相反，ω 为地球自转角速度，r' 为物体至地球自转轴的垂直距离，$-G\dfrac{M_E}{R^2}$ 为引力场强度，$\omega^2 r'$ 为离心力场强度。重力学研究中，常把重力加速度或重力场强度简称为“重力”。野外重力测量实际上都是测定重力加速度的数值。由此，重力(即重力加速度)的单位在厘米—克—秒单位制(centimeter-gram-second，CGS)中为 $\mathrm{cm/s^2}$，在国际单位制中是 $\mathrm{m/s^2}$，另外 1 Gal(伽)$=10^3$ mGal(毫伽)$=10^6$ μGal(微伽)$=10^{-2}\ \mathrm{m/s^2}$。

由物理学可知，在保守力场中，可以通过位函数来研究场源的特征。如果用 V 代表引力位，则引力 F 与引力位之间的关系为

$$F=\mathrm{grad}V=\nabla V \tag{2.2}$$

F 在 X、Y、Z 轴上的分量形式为：$F_x=\partial V/\partial x$，$F_y=\partial V/\partial y$，$F_z=\partial V/\partial z$。

质点引力位为移动单位质量的质点从无穷远到该点引力场所做的功，即

$$V=\int_\infty^r F\,\mathrm{d}r=-G\int_\infty^r \frac{m}{r^2}\mathrm{d}r=G\frac{m}{r} \tag{2.3}$$

则地球质体外的引力位为

$$V=G\int_M \frac{\mathrm{d}m}{r} \tag{2.4}$$

式中，r 为 $\mathrm{d}m(\xi,\eta,\zeta)$ 到计算点(x,y,z)的距离。则地球质体外引力的分量形式为

$$\left.\begin{aligned}F_x&=\frac{\partial V}{\partial x}=-G\int_M\frac{x-\xi}{r^3}\mathrm{d}m\\F_y&=\frac{\partial V}{\partial y}=-G\int_M\frac{y-\eta}{r^3}\mathrm{d}m\\F_z&=\frac{\partial V}{\partial z}=-G\int_M\frac{z-\zeta}{r^3}\mathrm{d}m\end{aligned}\right\} \tag{2.5}$$

离心力位 Q 的定义为

$$Q=\int_0^{r'}C\,\mathrm{d}r'=\int_0^{r'}\omega^2 r'\,\mathrm{d}r'=\frac{1}{2}\omega^2(x^2+y^2) \tag{2.6}$$

则离心力各分量为

$$\left.\begin{aligned}C_x&=\frac{\partial Q}{\partial x}=\omega^2 x\\C_y&=\frac{\partial Q}{\partial y}=\omega^2 y\\C_z&=\frac{\partial Q}{\partial z}=0\end{aligned}\right\} \tag{2.7}$$

地球重力位 W 等于引力位 V 与离心力位 Q 之和，即

$$W = V + Q = G\int_M \frac{\mathrm{d}m}{r} + \frac{1}{2}\omega^2(x^2 + y^2) \tag{2.8}$$

则重力的分量形式为

$$\left.\begin{aligned} g_x &= \frac{\partial W}{\partial x} = g\cos(g,x) = -G\int_M \frac{x-\xi}{r^3}\mathrm{d}m + \omega^2 x \\ g_y &= \frac{\partial W}{\partial y} = g\cos(g,y) = -G\int_M \frac{y-\eta}{r^3}\mathrm{d}m + \omega^2 y \\ g_z &= \frac{\partial W}{\partial z} = g\cos(g,z) = -G\int_M \frac{z-\zeta}{r^3}\mathrm{d}m \end{aligned}\right\} \tag{2.9}$$

根据方向导数定义，重力在任意方向 l 上的分力为

$$g_l = \frac{\partial W}{\partial l} = g\cos(g \cdot l) \tag{2.10}$$

式中，重力位、引力位以及离心力位的单位均为 $\mathrm{m}^2/\mathrm{s}^2$。

根据位场理论，引力位在场源外满足拉普拉斯方程，即 $\nabla^2 V=0$；在场源内满足泊松方程，即 $\nabla^2 V = -4\pi G\rho$。而根据式(2.6)可求出离心力位在地球内、外部(即场源内、外部)都满足 $\nabla^2 Q = 2\omega^2$。其中，拉普拉斯算符是一个微分算子，通常写成 Δ 或 ∇^2；G 为万有引力常数；ρ 为地球质体密度；ω 为地球自转角速度。

由此可知，重力位应满足如下微分方程

$$\left.\begin{aligned} &\nabla^2 W = 2\omega^2 = -4\pi G\rho, && \text{地球内部} \\ &\nabla^2 W = 2\omega^2, && \text{地球外部} \end{aligned}\right\} \tag{2.11}$$

数学上将满足拉普拉斯方程的函数称为调和函数。因此，在地球外部空间，引力位是调和函数，而离心力位和重力位皆不是调和函数。

2.2.2 重力数据处理

重力测量可以分为绝对重力测量和相对重力测量。地球表面上的绝对重力值范围为 9.78～9.832 $\mathrm{m/s^2}$。目前测定的精度可达微伽(μGal)量级，甚至更高。相对重力测量测定的是各点相对于某一重力基准点的重力差值。它比绝对重力测量容易且精度高，可达 0.01～0.1 μGal。当基准点的绝对重力值已知时，通过相对重力测量也可以求得各点的绝对重力值。相对重力测量是现代重力测量的主要形式。

测定重力的方法可分为动力法和静力法。动力法是观测物体在重力作用下的运动，直接测定的量是时间和路程，用于绝对重力测量。静力法是相对重力测量的基本方法，测定的量是物体平衡位置因重力变化而产生的角位移和线位移，用来计算两点的重力变化。重力测量形式可分为线路测量、剖面测量及面积测量。面积

测量是重力测量的基本形式。

对重力仪在野外测量的结果进行零点漂移改正后，再将各测点相对于基准点的读数差换算成重力差。这种重力差不能直接算作重力异常值。因为地面重力测量是在实际的地球表面上进行的，地球表面的起伏不平使这种重力差包含了各种干扰因素的影响，并且干扰程度随测点而变化。为了使各测点的重力差有一个相同的标准，就需要对观测资料进行整理，求得真正的重力异常值，以便在外界条件一致的前提下对各测点的重力异常值进行比较。重力资料整理主要包括纬度改正、地形改正、中间层改正、高度改正及均衡改正。

1. 纬度改正

纬度改正又称为正常场改正。地球的正常重力值是纬度 φ 的函数，从赤道到两极逐渐增大。对于不同纬度的测点，即使地下地质条件一样，各测点的重力值也不同。因此，纬度改正的目的是消除测点重力值随纬度变化的影响。

当在大面积范围内进行小比例尺重力测量时，直接用观测重力值减去正常重力值（正常重力值公式计算值），即位函数 W 就是海平面上的理论重力值，它是以纬度 φ 的函数表示的。当前国际上普遍采用的正常重力值公式为

$$g = 9.7801385 \times (1 + 0.00530233\sin^2\varphi - 0.00000589\sin^2 2\varphi) \tag{2.12}$$

当在小面积范围内进行较大比例尺重力测量时，测量范围有限，南北距离一般只有几十米到几百米，最远有几千米，此时纬度改正值为

$$\Delta g_{纬} = -8.14\sin 2\varphi \cdot D \tag{2.13}$$

式中，φ 为总基准点纬度或测区平均纬度，D 为测点与总基准点间的纬向距离。

2. 地形改正

地形起伏常使重力测点周围的物质不处于同一水平面上，因此需要把测点周围的物质影响消除。地形改正的目的就是消除测点周围地形起伏对测点重力值的影响。地形改正的基准面是测点平面，改正方法是把测点平面以上的多余物质去掉，而把测点平面以下空缺的部分填充起来，如图 2.2 所示。对于测点 A 平面以上的正地形①部分，多余物质产生一个垂直向上的引力分量 f'，造成仪器读数减小，即影响值为负。负（空缺）地形②与③部分相对测点平面缺少一部分物质，相当于该点引力不足，也使得仪器读数减小，影响值也为负。因此，不管是正地形还是负地形，其地形改正值总是正值。地形改正的过程可简单称为相对测点平面舍高补低。

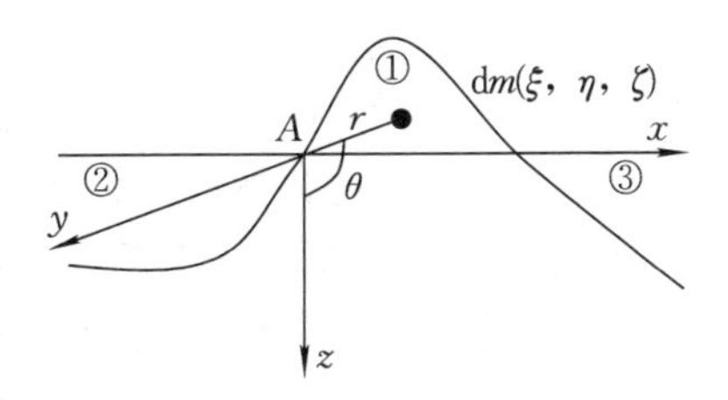

图 2.2　地形改正示意

地形改正半径按规定取 166.7 km，改正密度取 2.0～2.67 g/cm^3。当进行小面积测量时，改正半径根据需要可减小，一般取 7～10 km 即可。若测区及邻区地

形比较平坦，在一定精度要求下，可不进行地形改正。

地形改正的具体方法如下：如图 2.2 所示，建立以测点 A 为坐标原点的直角坐标系，z 轴垂直向下，设地下质量单元 $\mathrm{d}m$ 坐标为(ξ,η,ζ)。根据引力定律，$\mathrm{d}m$ 对 A 点所产生的引力垂直分量为 $\mathrm{d}g=G(\mathrm{d}m/r^2)\cos\theta$，其中 G 为引力常数，r 为 $\mathrm{d}m$ 到 A 点的距离，θ 为 r 与 z 轴的夹角。当考虑周围高于或低于 A 点的全部地形影响时，对质量进行积分，则

$$\Delta g=G\int\frac{\mathrm{d}m}{r^2}\cos\theta \tag{2.14}$$

设 ρ 为参与地形改正的物质密度，将 $\mathrm{d}m=\rho\mathrm{d}\xi\mathrm{d}\eta\mathrm{d}\zeta$，$r^2=\xi^2+\eta^2+\zeta^2$，$\cos\theta=\zeta/r$ 代入式(2.14)得

$$\Delta g=G\rho\iiint\frac{\zeta}{(\xi^2+\eta^2+\zeta^2)^{\frac{3}{2}}}\mathrm{d}\xi\mathrm{d}\eta\mathrm{d}\zeta \tag{2.15}$$

对于起伏地形来说，式(2.15)的积分是难以计算的。因此，要想利用式(2.15)计算地形改正，只能采用一种近似的方法。基本思路是：将起伏地形按照一定的方法划分成许多小区域，并假定每个小区域内，地形起伏是线性变化的，先利用式(2.15)计算出每个小区域的影响，然后将所有的小区域拼接起来就得到全部地形对测点的重力影响。

目前还有一种地形改正的方法，是将中间层改正与上述地形改正(即相对测点平面进行改正的方法)合并进行。其作用是消除实际地球表面的地形起伏与大地水准面之间的物质质量(当地形表面在大地水准面之上时)或物质质量的亏损(当地形表面在大地水准面之下时)对测点重力值的影响。这种改正又称为广义地形改正。广义地形改正的基准面是大地水准面，改正密度取 2.67 $\mathrm{g/cm^3}$；但对于大的湖泊和海洋，应另选合适的密度。这种改正的半径取 166.7 km(约 90′经线的长度)，但在远区改正时仍然要考虑地球表面的弯曲对地形改正的影响。需要注意的是，密度选取和地形测量出现的误差，必然造成地形改正的不完善，常出现与地形相关的假异常，这种情况在山区尤为突出。

3. 中间层改正

在经过地形改正之后，测点周围已变成平面了，但是测点平面与改正基准面之间还存在一个水平物质层。消除这一物质层对测点重力值的影响，称为中间层改正。

如果把中间层当作厚度为 Δh(m)、密度为 ρ ($\mathrm{g/cm^3}$)的均匀无限大水平物质层来处理，则该无限大物质层的厚度每增加 1 m，重力值大约增加 0.041 9ρ (mGal)。因此，中间层改正公式为

$$\Delta g_{中}=-0.0419\rho\Delta h \tag{2.16}$$

当测点高于基准面时，Δh 取正，反之取负。

在实际测量中，测区内岩石密度的变化和测定岩石密度的误差，都将导致中间层改正出现误差。另外，地形改正的半径是有限的，而中间层改正采用的水平层是无限大的，此二者的不匹配也势必造成中间层改正出现误差。实例分析过程中，考虑到东构造结内喜马拉雅造山带的部分是寒武系地层，因此，岩石密度采用 2.4 g/cm^3，用于进行中间层改正。

4. 高度改正

中间层改正只是消除了测点平面与改正基准面之间物质层对测点重力值的影响，但测点离地心远近的影响还未消除。因此高度改正的目的就是消除测点重力值随高度变化的影响，将处于不同高度的测点重力值换算到同一基准面(一般指大地水准面)上。高度改正又称为自由空气校正。

如果把地球当作密度呈同心层状均匀分布的圆球体，则可以推导出，在地面上每升高 1 m，重力值大约减少 0.308 6 mGal。所以球体的高度改正公式为

$$\Delta g_{高} = 0.3086\Delta h \tag{2.17}$$

式中，Δh 取以 m 为单位的数值，重力值结果的单位为 mGal。当基点高于基准面时，Δh 取正值；反之取负值。值得指出的是，高度改正系数 0.308 6 是把地球当作物质密度呈同心层状均匀分布的圆球体推导出来的。但实际地球并非理想的圆球体，且外壳密度分布也有差异，虽然这种变化是微小的，但在区域或局部研究中必须注意这一点。

如果把地球当作密度呈同心层状均匀分布的椭球体，则可推导出更精确的高度改正公式，即

$$\Delta g_{高} = 0.3086(1 + 0.0007\cos 2\varphi)\Delta h - 7.2\times 10^{-8}(\Delta h)^2 \tag{2.18}$$

式中，Δh 取以 m 为单位的数值，φ 为测点的地理纬度，$\Delta g_{高}$ 的单位为 mGal。

目前区域重力测量使用式(2.18)进行改正。如果把高度改正和中间层改正合并进行，则称为布格校正，即

$$\Delta g_{高} = 0.3086(1 + 0.0007\cos 2\varphi)\Delta h - 7.2\times 10^{-8}(\Delta h)^2 - 0.0419\rho\Delta h \tag{2.19}$$

在进行重力布格校正和地形改正的过程中，已经考虑了高出大地水准面的高度和多余质量以及海水的深度和亏损质量对测点重力值的影响。因此，获得的布格异常不应与地形有明显的相关性，而应接近于零。但事实上与上述设想正相反，高山地区布格异常几乎总是负的，而海洋地区的布格异常却出现很大的正值，在接近海平面的陆壳上布格异常的平均值接近于零。这种现象说明地球内部，特别是接近地球表层的物质分布是不均匀的。在高山地区地下质量亏损，而在海洋和盆地地区地下质量盈余。这正是一种地下质量补偿地球表面形态原理的重要例证。在研究地壳构造时，如果不考虑这种现象，势必给解释带来一定的假象。

5. 均衡改正

利用重力资料研究地壳均衡状态，首先要对重力观测值进行均衡改正以便获得重力均衡异常。均衡改正的计算方法与所采用的均衡假说有关，但总体上都分两步进行。

第一步是地形改正，从重力观测值中减去整个地球表面实际地形起伏与大地水准面之间的物质(当地形表面在大地水准面之上时)或物质质量的亏损(当地形表面在大地水准面之下时)对观测点重力值的影响；第二步是补偿改正，将参与地形改正的全部质量填入地球内部(海平面以下)，将地壳填至均衡状态，此时按均衡密度差(普拉特均衡假说)或按均衡深度(艾里均衡假说)引入改正值。

经过以上两步改正之后，测点重力值相当于在地球的自然表面与海平面重合且地壳内部物质分布均匀的情况下的重力值。但此时测点仍“悬”在空中，因此还要引入高度改正，使测点位于海平面(即大地水准面)上。不同均衡假说的改正方法也不同。

1)普拉特均衡假说的改正

1854 年的普拉特均衡假说认为，山地是地层像发酵那样向上隆升而形成的。发酵程度越好，山地越高且密度越小(整体质量不变，体积和密度发生负相关变化)。这个过程是相对地下某一深度基准面进行的，该深度基准面上的物质对它的压力处处相等，所以此深度基准面又称为等压面或均衡面。海洋面至均衡面的深度称为均衡深度，均衡深度一般取 100 km 或 113.7 km。按照这个假说，若把均衡面上的物质分成许多截面积相同的柱体，则这些柱体的质量均应相等，而密度不同。简言之，山越高，密度越小；反之，密度越大。具体模型如图 2.3 所示。

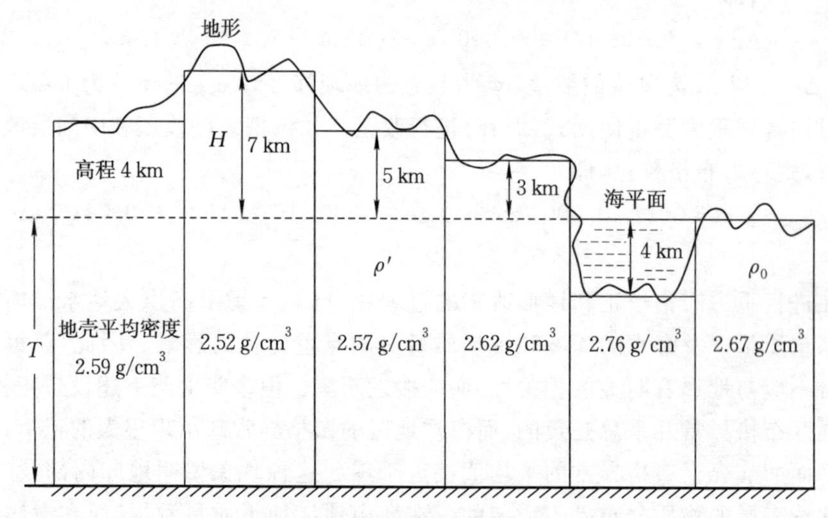

图 2.3 普拉特均衡模型

地形改正同样分内环带和外环带，改正办法见本节的地形改正，但改正的基准面是大地水准面。内环带补偿改正是按均衡密度差进行的，如图 2.3 所示。

在陆地地区有

$$\left.\begin{aligned} T\rho_0 &= (H+T)\rho' \\ \rho' &= \frac{T\rho_0}{H+T} \end{aligned}\right\} \tag{2.20}$$

式中，H 为柱体高度，T 为补偿深度，ρ_0 为地壳平均密度（2.67 g/cm^3），ρ' 为任意柱体的平均密度。补偿密度为

$$\rho_{补} = \rho_0 - \rho' \tag{2.21}$$

密度为 $\rho_{补}$ 的陆地柱体在测点引起的重力异常为

$$\Delta g = \frac{2\pi G\rho_{补}}{n}\sum_{i=1}^{n-1}\left(\sqrt{R_i^2+(H_0+T)^2} - \sqrt{R_{i+1}^2+(H_0+T)^2} - \sqrt{R_i^2+H_0^2} + \sqrt{R_{i+1}^2+H_0^2}\right) \tag{2.22}$$

式中，H_0 为测点高程，R_i 为不同层位的柱体半径，n 为柱体数量。

在海洋地区有

$$\left.\begin{aligned} T\rho_0 &= \rho''(T-h) + h\rho_{海} \\ \rho'' &= \frac{T\rho_0 - h\rho_{海}}{T-h} \end{aligned}\right\} \tag{2.23}$$

式中，ρ'' 为海洋柱体中的密度，h 为海水深度，$\rho_{海}$ 为海水密度。补偿密度为

$$\rho'_{补} = \rho' - \rho_0 \tag{2.24}$$

密度为 $\rho'_{补}$ 的海洋柱体在测点引起的重力异常为

$$\Delta g = \frac{2\pi G\rho'_{补}}{n}\sum_{i=1}^{n-1}\left(\sqrt{R_i^2+(H_0+T)^2} - \sqrt{R_{i+1}^2+(H_0+T)^2} - \sqrt{R_i^2+(H_0+h)^2} + \sqrt{R_{i+1}^2+(H_0+h)^2}\right) \tag{2.25}$$

外环带补偿改正办法见本节的地形改正，但改正的基准面是大地水准面，即与地形改正合并在一起，从地形补偿改正图中内插获得。

2）艾里均衡假说的改正

1855 年的艾里均衡假说认为，地壳是由厚度不同但密度相同的许多岩块组成的，这些岩块漂浮在密度更大的可塑岩浆上面，就像水中的木筏，薄岩块侵入岩浆较浅，较厚的岩块侵入岩浆较深。这说明补偿是完全的，并且直接发生在这种地形的下面（即补偿是局部的）。又认为地壳密度为 2.67 g/cm^3，岩浆密度为 3.27 g/cm^3。岩块漂浮在岩浆上面是遵循阿基米德原理的。海平面与岩浆面之间的距离称为地壳正常厚度，一般取 30～60 km。具体模型如图 2.4 所示。

研究中将山越高、地壳越厚的现象称为“山根”，而将海洋下面地壳变薄的现象称为“反山根”，因此艾里均衡假说又称为“山根”学说。综上所述，所谓地壳均衡，是说从地下某一深度算起，相同面积所承载的质量趋于相等，对于地面上大面积质

量的增减，地下必有所补偿。

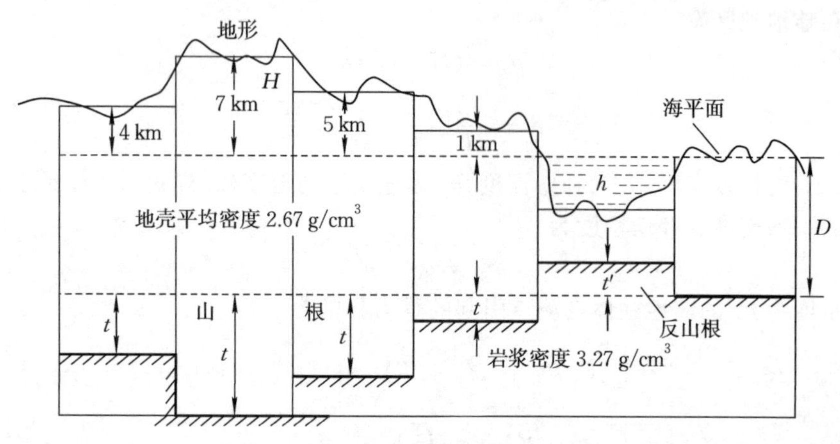

图 2.4 艾里均衡模型

内、外环带地形改正与普拉特均衡假说地形改正相同。内环带补偿改正如图 2.4 所示，其中，D 为地壳正常厚度。根据阿基米德原理(流体静力学原理)，在陆地地区有

$$H\rho_0 = t(\rho - \rho_0) \tag{2.26}$$

式中，H 表示柱体高度，t 为山根厚度，ρ_0 为地壳平均密度，ρ 为岩浆密度。如果 ρ_0 取 2.67 g/cm³，ρ 取 3.27 g/cm³，则

$$t = \frac{\rho_0}{\rho - \rho_0} \cdot H = 4.45H \tag{2.27}$$

说明山脉每高出海平面 1 km，它下陷到岩浆中的深度就增加 4.45 km。

在海洋地区有

$$h(\rho_0 - 1.03) = t'(\rho - \rho_0) \tag{2.28}$$

式中，h 表示海水深度，t' 为反山根厚度，则

$$t' = \frac{\rho_0 - 1.03}{\rho - \rho_0} \cdot h = 2.73\,h \tag{2.29}$$

说明在海洋地区，海水深度每增加 1 km，反山根就增加 2.73 km。

用同样的方法，可求出陆地地区的湖泊以及沉积较厚地区的这种形式的比例关系，分别为 2.78 km 和 1.12 km。所谓艾里均衡假说的内环带补偿改正就是从测点重力值中去掉山根与反山根的影响，计算公式同式(2.25)；而外环带补偿改正与地形改正一同进行，改正办法与普拉特均衡假说相同。

2.2.3 重力异常

1. 自由空气异常

在重力测量中，只经过纬度改正和高度改正的重力异常称为自由空气异常。

该异常是形式上最简单的重力异常，这是因为它对海平面以上或以下的岩石密度都没有作出任何假定，但是，这种异常同样是很有意义的。

在地壳构造研究中，主要应用布格异常和自由空气异常。在地形平缓地区，自由空气异常往往接近于零，大范围内(1°×1°)的平均值也很低。自由空气异常对地表和近地表的质量分布很敏感，因此在陆地区域，有明显的依地形变化特征，即与地形起伏呈正相关；在海洋区域，呈弱相关。因此在海洋上广泛应用自由空气异常，即从各测点的重力观测值中减去相应点的正常重力值。

2. 布格异常

布格异常是经过纬度改正、地形改正及布格校正后获得的异常。布格校正和地形改正相当于把大地水准面之上的物质质量舍去，这样自然会造成地壳质量的不足，因此在山区或高原地区经过布格校正的重力异常大多是负异常。此外，布格异常主要反映地球内部异常质量对重力测量结果的影响。具体地说，对于从地面到地下几十千米甚至一二百千米深度的地质不均匀体，只要它们有密度差异，就会引起布格异常。一般来讲，沉积盖层厚度变化引起的异常是 60～80 mGal；花岗岩层的构造与成分变化引起的异常通常位于－50～50 mGal 这一区间；－100～100 mGal 的异常与玄武岩的变化有关。此外，沉积岩中的构造以及金属矿等密度不均匀体也会引起一定量级的小异常。因此，地壳内部密度不均匀引起的局部异常一般为－200～200 mGal。区域重力场的最大作用就是反映了上地幔表面的形态，即莫霍面的深度。莫霍面的起伏能够引起水平范围内超过 100 km、幅度为－300～300 mGal 的异常。由此可见，布格异常大范围内的变化主要反映了莫霍面的起伏。这正是利用重力资料研究地壳结构的有利条件。布格异常也被称为岩石圈结构研究的“活化石”。

布格异常除可用来研究莫霍面起伏外，还可用来划分区域地质构造单元、研究沉积基底起伏、圈定大火成岩侵入体，以及研究区域性的深大断裂等。

3. 均衡异常

经过纬度改正、高度改正及均衡改正的异常，称为均衡异常。均衡异常在地壳运动和地壳结构研究中具有独特的意义，有时还成为解释许多地质现象的基本依据。例如，重力资料曾提出，在山体下有很深的山根，即地表地形的隆升对应于莫霍面的拗陷；而深的构造拗陷及具有很厚且较新沉积物的深海洋盆地对应于反山根，即莫霍面的突起。这种关系后经地震资料证实，一般情况下都是正确的，但只有在大面积(几百或上千平方千米)范围内才有意义。均衡异常平均值有以下三种情况：

(1) $\overline{\Delta g_{均}} < 0$，相当于区域均衡补偿不足，即地壳中质量亏损。

(2) $\overline{\Delta g_{均}} \approx 0$，相当于区域均衡补偿接近于质量平衡状态。

(3) $\overline{\Delta g_{均}} > 0$，相当于区域均衡补偿过剩，即地壳中有剩余质量存在。

以上三种情况可用水中漂浮的物块加以描述，如图 2.5 所示。

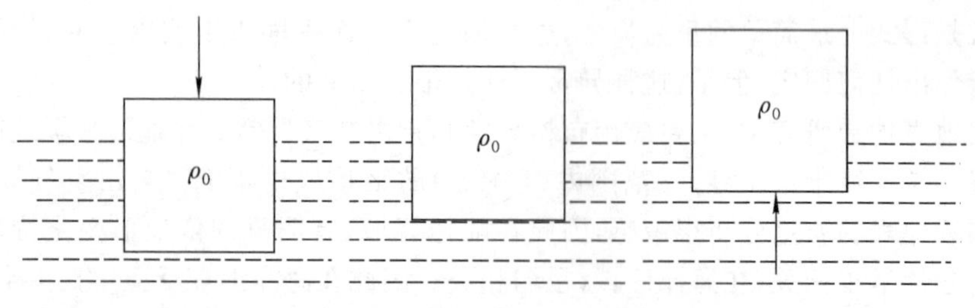

(a) $\overline{\Delta g}_{均}<0$，质量亏损　(b) $\overline{\Delta g}_{均}\approx 0$，质量平衡　(c) $\overline{\Delta g}_{均}>0$，质量过剩

图 2.5　均衡异常的三种情况

根据这个道理，对于现代构造运动活跃的造山带或深海沟（都伴有强烈的地震活动），可以用构造运动本身来解释这里发现的均衡异常。按板块构造理论，海沟正是岩石圈向地幔俯冲的地带，较轻的岩石圈由于地幔对流而较深地插入软流圈，出现了局部负异常。而造山带的形成是由于地壳深部有向上的挤压力（热的地下物质的相变以及软流圈的对流），该压力使较轻的地壳升起。在地壳升起的过程中，由于存在流体静力平衡作用，山根也会增厚，但增厚的速度小于地壳上升的速度，所以质量过剩，出现正的均衡异常。只有那些现代构造运动微弱或相对稳定的地台及古陆地区才能达到均衡的平衡状态，均衡异常接近于零。

地壳均衡现象还可通过布格异常的分布特征观察到。例如，随着海水深度的增加，正的布格异常值越来越高；而随着大陆上地形高度的增加，负的布格异常值越来越低。这种现象定性地说明了地壳均衡的存在。地壳均衡问题是比较复杂的。随着地壳构造运动的发生，冰川融化和山脉的破坏，也会导致地壳均衡不断地遭到破坏。另外，大面积长期的地壳深部物质的水平移动又会使不均衡地区逐渐达到均衡。因此，要想利用重力资料研究地表均衡状态，仅有空间分布资料还不够，必须同时研究重力随时间变化的规律。

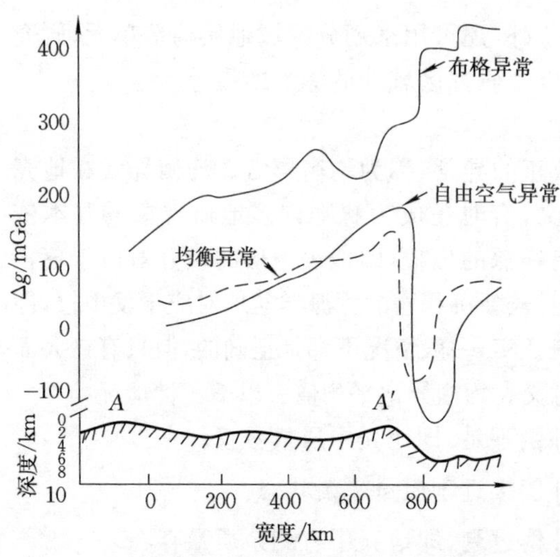

图 2.6　跨越海沟的海底地形和重力异常剖面 AA'

鉴于重力均衡异常的计算比较复杂，在有些地区甚至不可能计算出来，所以有时用自由空气异常来代替。因为小比例尺的自由空气异常在地形平均高度与海水平均深度不超过 2 000 m 的范围内，可以近似地看成均衡异常。图 2.6 的重力异常剖面就显示出这种特点。

§2.3　重力异常解释

2.3.1　重力异常的划分

1. 重力异常的多解性

重力异常的多解性是由重力异常的复杂性和反问题解释的非单一性决定的。

1)重力异常的复杂性

重力异常的复杂性是多种地质因素的综合反映。前面叙述过,从地表到地下深处甚至到上地幔,只要存在密度差异,就能引起重力异常。因此,任何测点的观测值,虽然经过了各种改正,但仍代表地层以下许多物质分布的叠加效应。因此,只有用各种方法把来自不同深度的重力异常成分区分开来,才能进行进一步解释。

2)重力异常反问题解释的非单一性

在重力异常解释中,把根据已知地质体的产状研究重力异常特点、分布范围等问题称为解释中的正问题,而把根据重力异常的特点及变化规律研究地质体的产状问题称为解释中的反问题。

已知物质分布时,确定它产生的重力场是较为容易的,因为正问题的解是单一的。但确定反问题的解却较困难且存在多解性。这是由重力场的等价性决定的,即地下不同深度、形状、密度的地质体在地表可引起同样的重力异常。以上情况给重力异常解释带来了一定的困难。因此,在重力异常解释中,必须强调兼顾地质和其他地球物理资料的综合解释,才能减少解释的多解性,使最后的解释与实际情况更加符合。

2. 重力异常的划分

重力异常是由从地面到地下数十千米甚至到上地幔内部的物质密度的不均匀分布引起的。这一方面说明它可以达到进行不同深度探测的目的,另一方面又说明重力异常具有复杂性。它给地下构造研究和勘探带来一定的困难。因此在解释重力异常时,一般需要对重力异常进行划分。把深部或较大的地质构造引起的区域性背景场称为区域异常,而把局部构造或与矿体有关的异常称为局部异常。局部异常是从整个重力异常中减去区域异常的剩余部分,所以又称为剩余异常。对于不同的研究目的,所要保留的重力异常成分也不同。重力异常的划分就是要将异常场分解为两个或几个不同的部分,把需要的保留下来,供后续研究分析。

1)图解法

图解法又称徒手圆滑法。它划分重力异常的方法是,通过对观测异常场进行光滑平均,求得区域异常。当区域异常变化较规律时,也可以从观测异常图上直接获取区域场,然后用观测异常减去区域异常而得到局部异常。

2)数学分析法

数学分析法又称重力场的平均法,是一种广泛采用且效果较好的方法。采用一定形式的图板,求出均匀分布在图板边缘上的若干点的重力平均值,并把它作为图板中心点的区域异常值,然后用中心点的异常减去区域异常得到局部异常。该方法的缺陷在于没有考虑已知地质因素的影响。

3)重力高阶导数法

将重力异常沿垂线方向求一阶导数(即 $\partial\Delta g/\partial z$ 或 Δg_z)或二阶导数(即 $\partial^2\Delta g/\partial z^2$ 或 Δg_{zz}),可使重力异常所含成分的比例发生变化,有利于对重力异常进行划分。从位场理论可知,不同阶次的重力导数对不同埋深物质的反映是不同的。G 为万有引力常数,质量为 m、中心埋深为 h 的球体的重力各阶导数极大值为

$$\left.\begin{aligned}\Delta g_{\max}&=Gm\frac{1}{h^2}\\ \Delta g_{z,\max}&=2Gm\frac{1}{h^3}\\ \Delta g_{zz,\max}&=6Gm\frac{1}{h^4}\end{aligned}\right\}\tag{2.30}$$

4)重力异常的解析延拓

重力异常是随着场源深度的变化而变化的。当叠加异常的场源深度不同时,随着观测面高度的变化,重力异常增减的速度也不同。浅部地质因素所引起的异常对观测面高度的变化具有较高的敏感性,而深部地质因素的敏感性较差。因此,在重力异常的划分中,人们提出用重力异常的空间换算方法来划分不同深度叠加的重力异常,这项工作称为重力异常的解析延拓。常用的解析延拓方法有向上延拓和向下延拓两种。向上延拓是将地面实测的重力异常换算为地面以上另一高度观测面的重力异常;而向下延拓是根据地面实测的重力异常,求取地下某一深度观测面的重力异常。

一般来讲,向上延拓的重力异常图比原来更平滑,对于起源于较深场源的重力异常的划分效果较好。它使叠加异常中浅部地质因素的影响减弱,而深部地质因素的影响相对得到加强。而向下延拓可以使浅部地质因素的影响相对增强,深部地质因素的影响相对减弱。但是,当向下延拓的深度大于或接近于场源深度时,延拓后的场值会显示剧烈的波动。在某种情况下,波动开始时的水平面可能是场源异常体的顶部深度。从上面讨论可知,解析延拓能有效划分来自不同深度的场源异常。

如图 2.7 所示,曲线 1 是两个质量和埋深相差很大的球体引起的叠加异常,曲线 2 是将该叠加异常换算到地面以上某一高度得到的异常。图中可见局部异常(小球引起的)成分已被消去,而区域异常(大球引起的)变化不大。利用曲线 1 减

去曲线2,便得到曲线3,曲线3中区域异常已基本消除,而局部异常得到了显现。图中虚线球相当于观测面提升的位置(埋深加大),图中正、负号表示引起曲线3的剩余质量符号。如果把曲线2当作实测异常,曲线1看作曲线2延拓到地下某一深度的异常,显然向下延拓突出了浅部球体引起的局部异常。

从上述讨论可知,向上延拓相当于"低通滤波",对异常起圆滑作用。当原始异常的精度较低时,向上延拓结果受到的影响不大,仍可得到比较圆滑的异常。而向下延拓要求原始异常的精度较高,因为向下延拓相当于"高通滤波",个别误差经过"放大"会使延拓后的异常出现剧烈的波动。因此,对异常进行向下延拓时,先要对异常的数据进行圆滑,然后进行向下延拓。

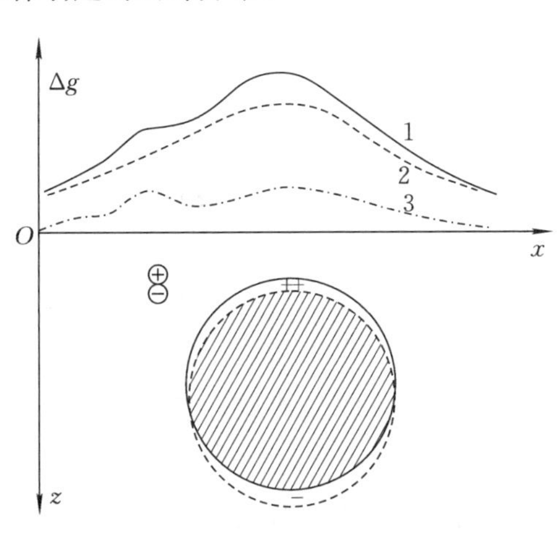

图2.7　重力异常解析延拓的异常特征

2.3.2　重力异常的计算

1. 规则几何形体参数的计算

在粗略估计或精确计算地质体的产状要素时,一些规则几何形状地质体总是起着重要的作用。自然界许多地质体在一定的精度范围内可以近似地看作规则形体,而且任何复杂的形体都可以分解为许多规则形体。将规则形体的参数求出后,通过叠加组合便可求出复杂形状地质体的参数。

断层以及不同延性层的接触带,都可作为台阶处理,它相当于沿走向无限延伸的半无限薄板状物质层。台阶可分为垂直台阶和倾斜台阶。

将坐标原点选在台阶面与地面的交线上,y轴与交线重合,x轴与之垂直,z轴垂直向下,剩余密度为ρ,上、下表面的深度分别为h_2与h_1,则它在地面上任一点x处引起的重力异常为

$$\Delta g = G\rho\left[x\ln\frac{h_1^2+x^2}{h_2^2+x^2}+\pi(h_1-h_2)+2h_1\tan^{-1}\frac{\pi}{h_1}-2\,h_2\tan^{-1}\frac{\pi}{h_2}\right] \tag{2.31}$$

利用式(2.31)可以画出垂直台阶在地面上引起的剖面和平面重力异常图,如图2.8所示。Δg剖面重力异常图中重力异常沿物质层所在方向单调上升,且在台阶抬起一侧有极大值;Δg平面重力异常图为一系列平行的等值线,这些平行线在台阶面附近最密,向两侧逐渐变稀,且重力异常向台阶上升端单调变大。

当$x\rightarrow\infty$时,台阶重力异常取得极大值,即

$$\Delta g_{\max} = 2\pi G\rho(h_1-h_2) = 2\pi G\rho\Delta h \tag{2.32}$$

式中，Δh 为台阶的厚度。当 $x \to 0$ 时，取得半极值，$\Delta g_0 = \pi G\rho\Delta h$；当 $x \to -\infty$ 时，取得极小值，$\Delta g_{\min} = 0$。

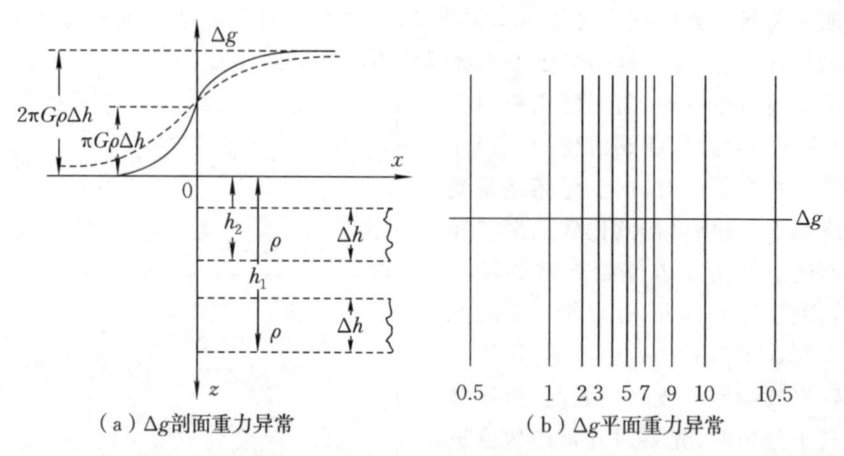

（a）Δg剖面重力异常　　（b）Δg平面重力异常

图 2.8　垂直台阶在地面上引起的剖面和平面重力异常

由此可见，在台阶正上方 x 轴向两边延伸较远时，Δg 只取决于台阶的厚度和剩余密度，而与埋深无关。埋深的变化只影响曲线的陡缓程度，埋深越浅变化越陡；反之，变化越缓。

当已知重力异常 $\Delta g_{\max}$ 和剩余密度 ρ 时，可由式(2.32) 求出台阶厚度 $\Delta h = \Delta g_{\max}/2\pi G\rho$。

2. 地质体深度与质量的估算

如上所述，当地质体可由某些规则几何形体来模拟时，利用异常半宽度以及异常梯度等就能估算出该地质体的大致深度。但是，当地质体不能用规则形体模拟时，很难单值地确定其深度。众所周知，重力异常的梯度是异常源深度的一种标志，在不考虑异常物质分布形态的前提下，可利用重力异常的梯度估算地质体的最大深度，具体方法如下：

(1)如果在一个剖面上，已知重力异常的极大值 $\Delta g_{\max}$ 和它的水平导数极大值 $\Delta g_{x,\max}$(即 $\partial\Delta g/\partial x$ 的极大值)，则物体顶部埋深 h 可表示为

$$h \leqslant 0.86\left|\frac{\Delta g_{\max}}{\Delta g_{x,\max}}\right| \tag{2.33}$$

(2)当已知部分重力异常时，利用同一测点的重力值 $\Delta g(x)$ 和它的水平梯度 $\Delta g_x(x)$ 仍可估算出物体顶部的深度 h，即

$$h \leqslant 1.5\left|\frac{\Delta g(x)}{\Delta g_x(x)}\right| \tag{2.34}$$

式(2.33)和式(2.34)是对三度地质体而言的。对于二度体，只要把系数 0.86 和 1.5 分别改为 0.65 和 1.0 即可。使用式(2.33)和式(2.34)的唯一条件是，产生

重力异常的地下地质体与围岩的密度差应保持不变。因此对于平卧构造产生的重力异常更合适。

重力异常是地下剩余质量的直接反映。在对重力异常物体的形状、密度和深度不作任何假定的前提下，根据区域内的剩余重力异常，利用高斯积分就能单值地确定产生重力异常的剩余质量，具体公式为

$$M=\frac{1}{2\pi G}\iint_{S}\Delta g\,\mathrm{d}S\approx 2.39\times 10^{2}\sum_{i=1}^{n}(\Delta g_{i}\times\Delta S_{i})\tag{2.35}$$

式中，M 为剩余质量；Δg 是小面积元 ΔS 内的平均重力异常，单位为 mGal。

2.3.3　重力异常的成因

1. 大地构造

地槽区是地壳运动较复杂的构造单元，以强烈的褶皱、变质及火山作用等为主要特征。地槽区在发展的最后阶段，发展为标准的高山地形，地壳厚度一般较大。地槽区平面布格异常的特征是呈线性平行排列，延伸长达数百千米乃至上千千米，重力异常可达几十至几百毫伽，并且区域重力异常与构造地形呈镜像关系。由于该区上面有强烈的褶皱作用，所以重力异常的形态也是复杂的，一般表现为在规律性很强的区域重力异常梯度带的背景上出现局部小的跳跃。

地台区是较稳定的构造单元，表现为平坦地形或地形起伏幅度不大的丘陵地形。区域布格异常的特征是变化平缓、稳定、相对幅度变化较小。

在地槽区与地台区之间的过渡带，布格异常最显著的特征是呈现出巨大的重力梯度带，主要表现为阶梯断裂或平行断裂。地槽区、地台区及过渡带之间反映出的重力异常特征如图2.9所示。图2.9中地槽区与地台区异常特征非常清楚。剖面左段地台区的重力异常变化平缓；而褶皱带的地槽区，重力异常表现出随地形起伏而与地形呈镜像关系的跳跃特征。

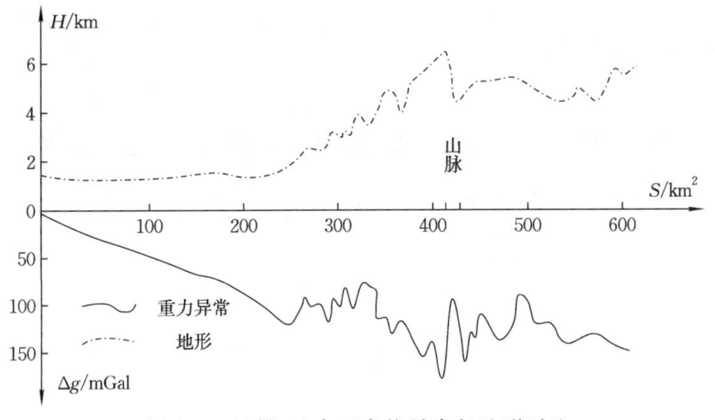

图2.9　地槽、地台区布格异常与地形对比

2. 区域地质

重力异常是对地下地质构造和矿产存储情况进行解释的基本依据。它是由地表到地下深处密度不均匀的地质体引起的。综合来看,决定重力异常的主要地质因素有:地壳厚度变化及上地幔内部密度不均匀,结晶基岩内部构造和基底起伏,沉积盆地内部构造及成分变化,矿的存储以及地表附近密度不均匀等。

§2.4　重力正反演方法

2.4.1　重力正演

重力正演是重力三维反演方法研究最重要的过程。在这个过程中,需要对地下空间进行离散化处理,离散成多行、多列紧邻的单元密度体,进而组成地下空间紧密相邻的网格区域,每个单元体的密度值是固定不变的(Toushmalani　et al, 2015),如图 2.10 所示。

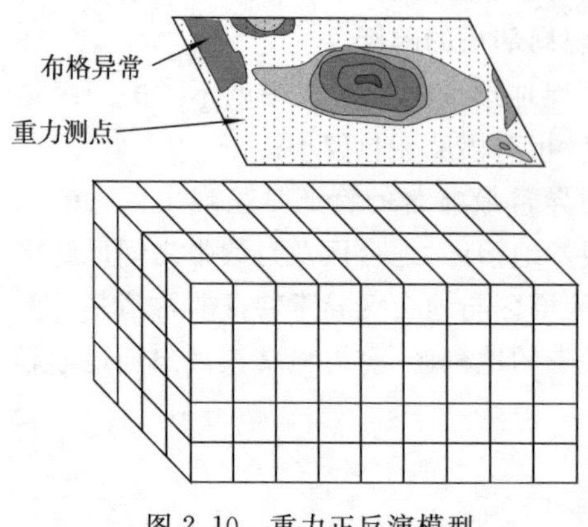

图 2.10　重力正反演模型

在笛卡儿坐标系中,定义一个坐标原点 O,利用牛顿万有引力定律,得到重力位场数据。假设地下异常的剩余密度为 m,体积为 V,那么在地面空间中,任意一点引起的剩余引力位为

$$U(r)=\gamma\iiint_V \frac{m}{r}\mathrm{d}V \tag{2.36}$$

式中,$U(r)$ 为剩余密度产生的引力位,γ 为万有引力常数,r 为观测点与异常源之间的距离。则重力异常 Δg 为

$$\Delta g=\frac{\partial U}{\partial z} \tag{2.37}$$

通过重力公式的推导,得到地下重力异常矩形体的正演公式,即

$$g=\gamma m\Big[-(x-\xi)\ln(r+(y-\eta))-(y-\eta)\ln(r+(x-\xi))+$$
$$(z-\zeta)\arctan\frac{(x-\xi)(y-\eta)}{(z-\zeta)r}\Big]\Big|_{\xi_1}^{\xi_2}\Big|_{\eta_1}^{\eta_2}\Big|_{\zeta_1}^{\zeta_2} \tag{2.38}$$

式中,(x,y,z) 为观测点的坐标,而(ξ_1,η_1,ζ_1) 和(ξ_2,η_2,ζ_2) 为矩形体的角点坐标,r 为

$$r=[(x-\xi)^2+(y-\eta)^2+(z-\zeta)^2]^{\frac{1}{2}} \tag{2.39}$$

根据矩形体的正演公式，计算离散化的地下空间中每一个单元矩形体在每一个地面观测点处的重力异常，并将地下所有单元体在同一地面观测点上的重力异常值叠加，最终得到离散化的重力公式，即

$$\boldsymbol{d}_{\mathrm{obs}}=\boldsymbol{G}\boldsymbol{m} \tag{2.40}$$

式中，$\boldsymbol{G}\in\mathbb{R}^{N\times M}$ 表示模型空间密度分布的重力正演矩阵，$\boldsymbol{m}\in\mathbb{R}^{M\times 1}$ 是地下空间密度分布向量，$\boldsymbol{d}_{\mathrm{obs}}\in\mathbb{R}^{N\times 1}$ 为通过地表观测得到的重力异常值，M、N 分别表示地下空间离散化的单元矩形体个数和对应的地表观测重力异常值个数。重力正演矩阵的计算是重力三维反演研究的关键，尤其在大数据反演过程中，重力正演矩阵 $\boldsymbol{G}$ 会非常巨大，因此该过程给反演计算带来非常大的困难，在后续的内容中会对反演计算效率作出改进，提高重力三维反演方法的实际应用能力。

2.4.2　重力反演

重力反演构建三维密度模型，是地学工作者了解地球深部构造、认知地下结构的重要手段。随着研究工作的深入，对三维密度模型的精细化程度提出了更高的要求，也就要求更大比例尺的观测数据和更加精细的关于重力密度分布的地下网格模型，并基于重力数据构建大范围、高分辨率三维密度模型。重力三维密度反演的核心就是解决其非唯一性和不稳定性问题，引起这些问题的主要原因是地表观测重力数据的观测点数远小于地下空间离散目标求解密度的网格单元个数，因此式(2.40)的求解就是一个典型的线性欠定问题。欠定问题中假设方程数比未知的模型参数少，因此可以找到很多的最小方差解，即虽然数据能提供有关模型参数的信息，但是由于信息不足，所以不能唯一确定模型参数。为了确定唯一解，可以把某些未引入的信息附加到该问题上，这些附加信息称为先验信息。先验信息不依赖实际数据，能使解以某种定量的形式出现。

重力三维密度反演依据地表观测的重力数据，获取地下空间的三维密度结构，反演结果所产生的重力场信息能够拟合实际观测的重力场信息。为了获取线性欠定问题的最小空间解，采用L2范数构建数据拟合差函数，即

$$\phi_{\mathrm{d}}=\left\|\boldsymbol{W}_{\mathrm{d}}(\boldsymbol{d}_{\mathrm{obs}}-\boldsymbol{G}\boldsymbol{m})\right\|^{\mathrm{L2}} \tag{2.41}$$

式中，数据加权矩阵为 $\boldsymbol{W}_{\mathrm{d}}=\mathrm{diag}(1/\varepsilon_1,1/\varepsilon_2,\cdots,1/\varepsilon_N)$，用来降低数据噪声对反演结果的影响，$1/\varepsilon_i$ 表示地表第 $i(i=1,2,3,\cdots,N)$ 个观测点的重力观测数据的标准差。

为了克服欠定问题对反演解的影响，在反演过程中要对反演的密度模型进行先验约束，构建反演密度模型目标函数，进而解决重力三维密度反演的多解性问题。以笛卡儿坐标系三个坐标轴方向上产生的微小变化，建立最光滑模型，并以此为基础建立模型目标函数，即

$$\phi_{\mathrm{m}}(m)=\alpha_{s}\int_{s}\omega_{s}\omega^{2}(z)(m-m_{0})^{2}\mathrm{d}x\mathrm{d}y\mathrm{d}z+\alpha_{x}\int_{s}\omega_{x}\left[\frac{\partial\omega(z)(m-m_{0})}{\partial x}\right]^{2}\mathrm{d}x\mathrm{d}y\mathrm{d}z+\alpha_{y}\int_{s}\omega_{y}\left[\frac{\partial\omega(z)(m-m_{0})}{\partial y}\right]^{2}\mathrm{d}x\mathrm{d}y\mathrm{d}z+\alpha_{z}\int_{s}\omega_{z}\left[\frac{\partial\omega(z)(m-m_{0})}{\partial z}\right]^{2}\mathrm{d}x\mathrm{d}y\mathrm{d}z \tag{2.42}$$

式中，α_s、α_x、α_y、α_z 分别表示模型目标函数中各项的相对权重；m_0 是参考模型，是反演前所获得的先验信息，在没有先验信息的情况下，参考模型可设为零；ω_s 为控制反演结果接近参考模型的权函数；ω_x、ω_y、ω_z 为控制模型在 x、y、z 三个方向上变化梯度的权函数。

在建立的目标函数中，$\omega(z)$ 为深度加权函数，是重力三维密度反演中非常重要的函数。由于位场数据存在"趋肤效应"，随着深度增加其数据权重不断降低，这种现象导致反演的密度模型全部集中于地表，使反演结果不真实。为了克服这种缺陷，地球物理学家在位场三维反演中引入深度加权函数。深度加权函数的具体表达式为

$$\omega(z)=\frac{1}{(z+z_0)^{\frac{\beta}{2}}} \tag{2.43}$$

式中，z 为离散的单位网格的中心点埋深；z_0 和 β 为常数，z_0 为观测面的高度，在重力三维密度反演时 $\beta=2$。

将密度模型函数进行离散化处理，并依据吉洪诺夫（Tikhonov）正则化理论，将最终的反演目标函数 $\phi(m)$ 定义为数据拟合差函数 ϕ_{d} 和模型目标函数 ϕ_{m} 的组合，即

$$\phi(m)=\phi_{\mathrm{d}}+\lambda\phi_{\mathrm{m}}=\|\boldsymbol{W}_{\mathrm{d}}(\boldsymbol{d}_{\mathrm{obs}}-\boldsymbol{G}\boldsymbol{m})\|^{\mathrm{L2}}+\lambda\|\boldsymbol{W}_{\mathrm{m}}(\boldsymbol{m}-\boldsymbol{m}_{0})\|^{\mathrm{L2}} \tag{2.44}$$

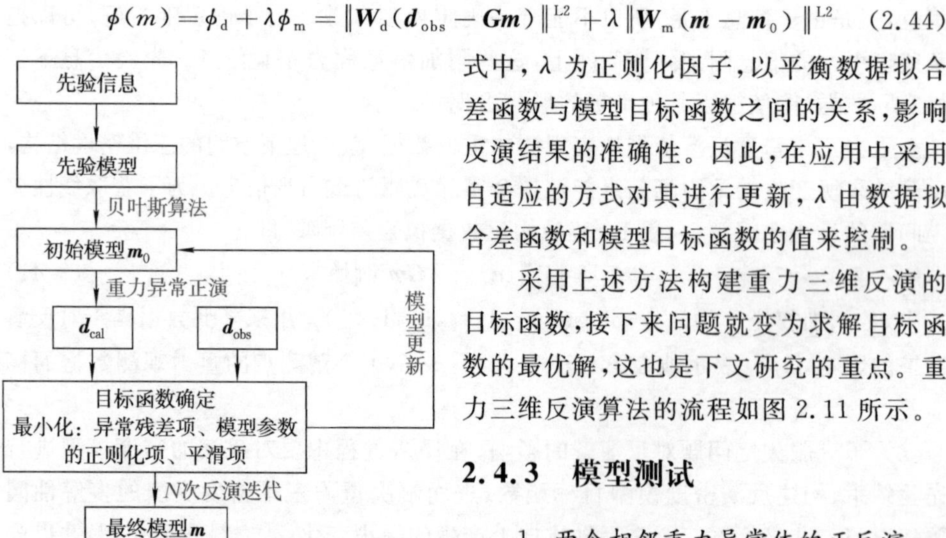

图 2.11 重力三维反演算法流程

式中，λ 为正则化因子，以平衡数据拟合差函数与模型目标函数之间的关系，影响反演结果的准确性。因此，在应用中采用自适应的方式对其进行更新，λ 由数据拟合差函数和模型目标函数的值来控制。

采用上述方法构建重力三维反演的目标函数，接下来问题就变为求解目标函数的最优解，这也是下文研究的重点。重力三维反演算法的流程如图 2.11 所示。

2.4.3 模型测试

1. 两个相邻重力异常体的正反演

为了验证 2.4.2 节的重力三维反演

的效果，并证明这种反演方法的稳定性、有效性和应用能力，使用 2 个相邻重力异常体进行理论模型应用。研究区域为 1 500 m×1 500 m 的矩形，观测点距和线距均为 50 m，其离散化重力观测数据的网格点数为 30×30。在此研究基础上，对研究的地下三维空间进行离散化处理，将其剖分成 30×30×15＝13 500 个单元网格，其中每个单元网格的尺寸为 50 m×50 m×50 m。每个观测点位于测量区域的中心，也就是与地下空间的密度单元一一对应。假设地下空间有 2 个相邻重力异常体，其空间坐标信息如表 2.1 所示，每个重力异常体的剩余密度为 1 g/cm^3，围岩的密度为 0 g/cm^3。同时为了验证该方法的实际应用能力，在模拟观测重力数据中加入 5%高斯随机噪声，以说明研究的重力三维反演方法的抗噪性，模拟的重力异常如图 2.12 所示。

表 2.1　相邻重力异常体的正演模型空间分布

模型体	三维尺寸(东×北×深)	中心位置(东×北×深)	密度
A	250 m×250 m×200 m	475 m×775 m×300 m	1 g/cm^3
B	250 m×250 m×200 m	1 025 m×775 m×300 m	1 g/cm^3

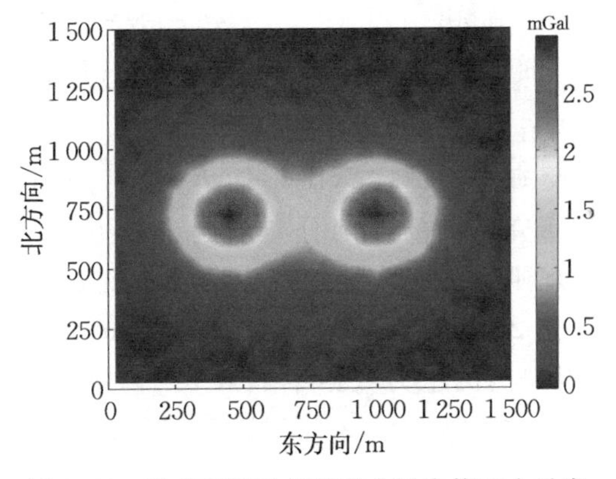

图 2.12　地表观测的相邻重力异常体重力异常

根据模拟的重力异常，采用本书应用的重力三维反演方法获取地下空间的三维密度分布情况。在没有任何先验信息的条件下，设定初始密度向量为 **0**，在构建目标函数后，采用共轭梯度法求取目标函数解，通过多次迭代获取最终的反演结果。为了分析反演方法的有效性，将反演结果与设定的地下空间密度分布进行对比，如图 2.13 所示，黑色虚线为模拟模型体的具体位置。

从图 2.13 中可以发现，重力三维反演结果与实际设定的模型基本一致。从深度 250 m 的切片图中[图 2.13(c)、图 2.13(d)]可以发现，应用的反演方法可以有效地获取地下空间的密度分布情况；从水平方向的切片图中[图 2.13(a)、图 2.13(b)]发现，该反演方法同样可以非常有效地获取模型密度的三维空间分布，且结果与设定的模型基本一致。该反演方法在实际地质构造研究应用中，可以对地下空间的

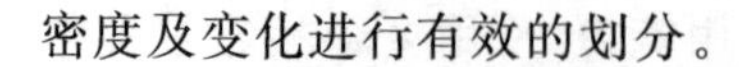
密度及变化进行有效的划分。

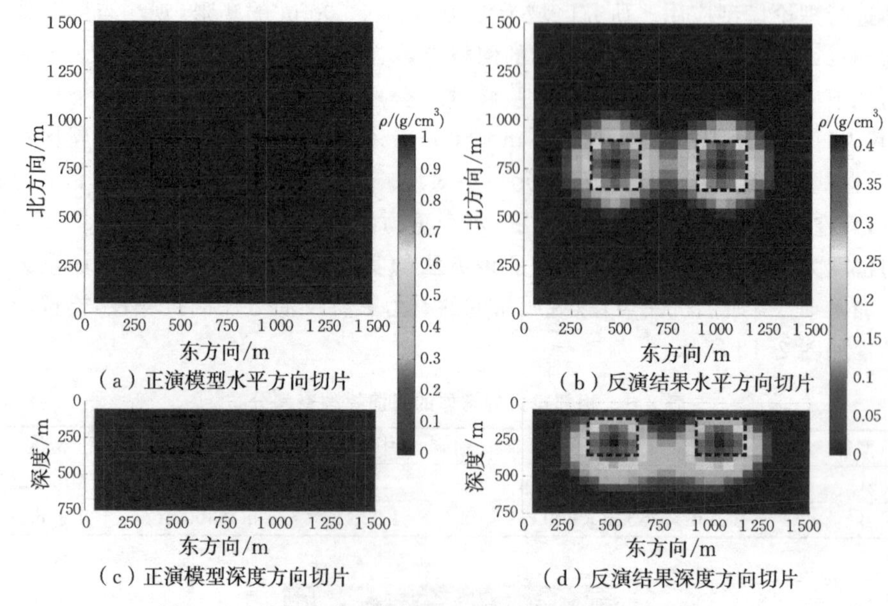

图 2.13 相邻重力异常体的正演模型和重力三维反演结果

2. 不规则重力异常体的反演

为进一步说明该反演方法的实际应用能力，以不规则重力异常体为例进行深入分析与研究。研究区域的空间分布与两个矩形体的空间分布一致，其区别为地下空间的不规则重力异常体的密度分布情况。模拟的不规则重力异常体的空间分布如表 2.2 所示，其剩余密度为 1 g/cm³。同样为了验证该方法的抗噪声能力，在模拟观测的重力数据中加入 5%高斯随机噪声，其重力异常如图 2.14 所示。

表 2.2 不规则重力异常体的空间分布

模型体	三维尺寸(东×北×深)	倾角	中心位置(东×北×深)	剩余密度
不规则重力异常体	150 m×150 m×400 m	135°	775 m×775 m×300 m	1 g/cm³

根据获取的地表观测重力异常信息，建立地下空间密度分布的矩阵向量与观测重力异常向量之间的对应关系，并建立对应的目标函数。同样，在没有任何先验密度信息的情况下，设定地下空间的初始模型密度为 0，应用 2.4.2 节的重力三维反演方法获取地下空间的三维密度分布情况，其反演结果如图 2.15 所示。

从反演的密度结果和理论设定的模型结果的对比分析中可以看出(图 2.15)，在深度 250 m 的切片图中[图 2.15(c)、图 2.15(d)]，理论模型结果与三维反演结果较接近，可以将不规则重力异常体的水平位置大致划分出来，虽然存在一定的偏差,但是反演结果给出的三维空间密度信息还是相对准确的;在水平方向的切片图中[图 2.15(a)、图 2.15(b)],可以根据反演结果中岩脉的大致分布形态,有效地描述地下空间的三维密度分布情况,并分析研究区域的地质构造变化特征。

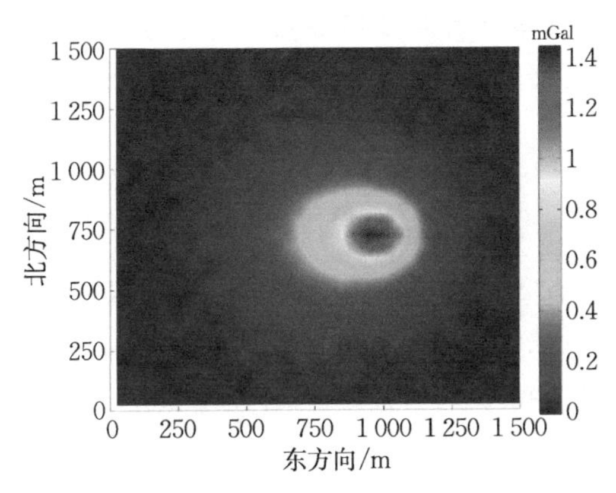

图 2.14　地表观测的不规则重力异常体的重力异常

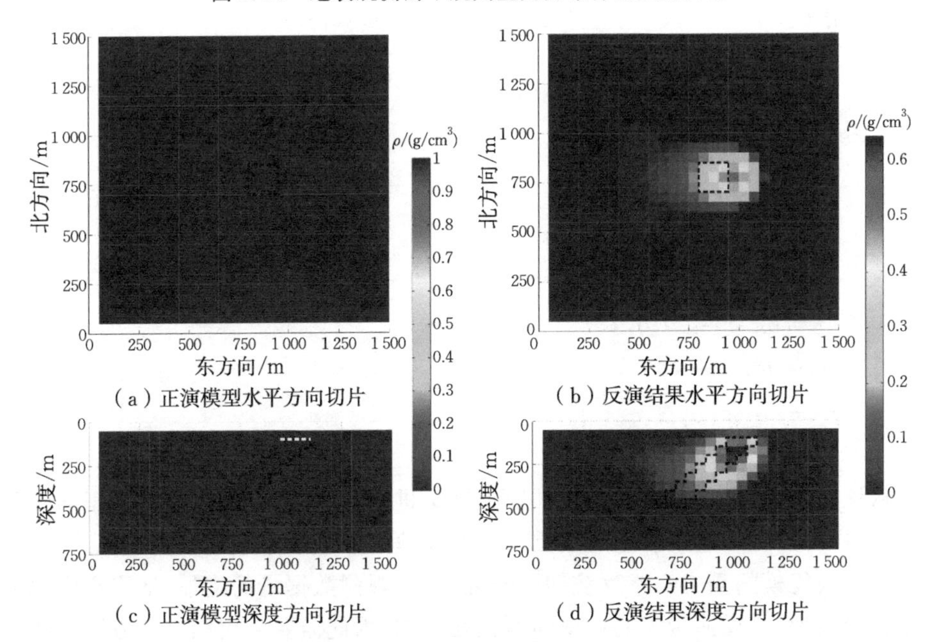

图 2.15　不规则重力异常体的正演模型和重力三维反演结果

本书研究的重力三维反演方法可以有效地获取地下空间的三维密度分布,但是存在计算效率低的问题,因此在后续的研究中,将研究高效、快速的重力三维反演方法,使其更具有实际应用价值。

2.4.4 快速重力三维反演研究

在重力三维反演中提高计算效率是非常重要且难以解决的问题，大大降低了其实际应用的能力，因此本节针对如何提高重力三维反演的计算效率进行研究。本节对共轭梯度法进行研究与应用，以提高实际重力三维反演的计算效率。将目标函数改写为

$$\begin{bmatrix} \boldsymbol{W}_{\mathrm{d}}\boldsymbol{G} \\ \sqrt{\lambda}\boldsymbol{W}_{\mathrm{m}} \end{bmatrix} \boldsymbol{m} = \begin{bmatrix} \boldsymbol{W}_{\mathrm{d}}\boldsymbol{d}_{\mathrm{obs}} \\ 0 \end{bmatrix} \tag{2.45}$$

简化方程式(2.45)，则有 $\boldsymbol{Am}=\boldsymbol{b}$。采用这种表达式可以更加有效地提升反演的计算效率。常规共轭梯度法的程序设计过程表示如下：

for $k=0$; $m_0=0$ and $r_0=A^{\mathrm{T}}(b-Am_0)$

while $r_0 \neq 0$

  $k=k+1$,

  if $k=1$

    $p_1=r_0$,

  else

    $\beta_k=r_{k-1}^{\mathrm{T}}r_{k-1}/r_{k-2}^{\mathrm{T}}r_{k-2}$,

    $p_k=r_{k-1}+\beta_k p_{k-1}$,

  end

  $q_k=Ap_k$,

  $a_k=r_{k-1}^{\mathrm{T}}r_{k-1}/q_k^{\mathrm{T}}q_k$,

  $m_k=m_{k-1}+a_k p_k$,

  $r_k=r_{k-1}-a_k A^{\mathrm{T}}q_k$,

end

从该算法中可以看出，在应用共轭梯度法进行计算时，不需要对重力正演矩阵求逆，这样可以在一定程度上解决重力三维反演的计算效率问题。

对于大规模的重力三维反演问题研究，随着观测数据量的增加，地下空间离散网格就会增加，给反演带来的效率问题也在增加，因此需要采用相应的方法来提升反演的计算效率。在重力三维反演应用中，反演的收敛速度主要受矩阵条件数控制，由于重力正演矩阵的条件数过大，因此迭代次数增加，反演效率降低。为了降低反演所需的迭代次数，本书将采用预处理矩阵来降低重力正演矩阵的条件数，从而降低反演的迭代次数。国内外学者通过重力正演矩阵的对角线矩阵使矩阵的特征值尽量集中在对角线上，从而提高收敛速度，即对角线预处理因子的共轭梯度法。其中，P 为预处理因子，其具体表达形式为：$\boldsymbol{P}=\mathrm{diag}(\boldsymbol{A}^{\mathrm{T}}\boldsymbol{A})$。对角线预处理

因子的共轭梯度法的程序设计过程表示如下：

for $k=0$; $\rho_0=0$ and $r_0=M^{\mathrm{T}}(b-A\mu_0)$

while $r_0\neq 0$

$z_k=p_r$,

$k=k+1$,

if $k=1$

$p_1=z_0$,

else

$\beta_k=r_{k-1}^{\mathrm{T}}r_{k-1}/r_{k-2}^{\mathrm{T}}z_{k-2}$,

$p_k=z_{k-1}+\beta_k p_{k-1}$,

end

$q_k=Mp_k$,

$a_k=r_{k-1}^{\mathrm{T}}z_{k-1}/q_k^{\mathrm{T}}q_k$,

$m_k=m_{k-1}+a_k p_k$,

$r_k=r_{k-1}-a_k M^{\mathrm{T}}q_k$,

end

采用该方法可以有效地提升重力三维反演的计算效率，降低反演的迭代次数。为了更好地提升反演效率，提高重力三维反演的实际应用能力，本书给出另外两种预处理因子的选择方法：不完全分解法和对称逐次超松弛预处理因子选择方法，对重力正演矩阵进行分解，即

$$\left.\begin{aligned}\boldsymbol{M}^{\mathrm{T}}\boldsymbol{M}&=\boldsymbol{L}\boldsymbol{L}^{\mathrm{T}}-\boldsymbol{R}\\\boldsymbol{M}^{\mathrm{T}}\boldsymbol{M}&=\boldsymbol{D}-\boldsymbol{L}_{AA}-\boldsymbol{L}_{AA}^{\mathrm{T}}\end{aligned}\right\}\tag{2.46}$$

$$\left.\begin{aligned}\boldsymbol{L}&=\frac{(\boldsymbol{D}-w\boldsymbol{L}_{AA})\boldsymbol{D}^{-\frac{1}{2}}}{\sqrt{w(2-w)}}\\\boldsymbol{L}^{\mathrm{T}}&=\frac{\boldsymbol{D}^{-\frac{1}{2}}(\boldsymbol{D}-w\boldsymbol{L}_{AA}^{\mathrm{T}})}{\sqrt{w(2-w)}}\end{aligned}\right\}\tag{2.47}$$

式(2.46)为不完全分解法预处理因子选择方法，而式(2.47)为对称逐次超松弛预处理因子选择方法。式中，$\boldsymbol{L}$ 是稀疏的下三角矩阵；$\boldsymbol{R}$ 是残余矩阵；$\boldsymbol{D}$ 是系数矩阵 $\boldsymbol{A}^{\mathrm{T}}\boldsymbol{A}$ 的对角元素组成的对角矩阵；$\boldsymbol{L}_{AA}$ 是 $\boldsymbol{A}^{\mathrm{T}}\boldsymbol{A}$ 的下三角矩阵；w 是一个非常重要的参数，其值的选取对共轭梯度法的结果和收敛有很大影响。然而对于 w 值没有特别好的选择方法，本书根据经验选取，$0<w<2$。这样对称逐次超松弛预处理因子 P 被定义为

$$\boldsymbol{P}=\boldsymbol{L}\boldsymbol{L}^{\mathrm{T}}=\frac{(\boldsymbol{D}-w\boldsymbol{L}_{AA})\boldsymbol{D}^{-1}(\boldsymbol{D}-w\boldsymbol{L}_{AA}^{\mathrm{T}})}{w(2-w)}\tag{2.48}$$

其程序设计过程表示如下：

for $k=0$; $\rho_0=0$ and $r_0=(A^{\mathrm{T}}A)^{\mathrm{T}}(b-(A^{\mathrm{T}}A)m_0)$

　　$rr_0=L^{-1}r_0$,

　　$p_0=(L^{\mathrm{T}})^{-1}rr_0$,

while $r_0\neq 0$

　　$k=k+1$,

　　if $k=1$

　　　　$p_1=p_0$,

　　else

　　　　$\beta_k=rr_{k-1}^{\mathrm{T}}rr_{k-1}/rr_{k-2}^{\mathrm{T}}rr_{k-2}$,

　　　　$p_k=(L^{\mathrm{T}})^{-1}rr_k+\beta_k p_{k-1}$,

　　end

　　$a_k=rr_{k-1}^{\mathrm{T}}rr_{k-1}/((M^{\mathrm{T}}M)p_{k-1})^{\mathrm{T}}p_{k-1}$,

　　$m_k=m_{k-1}+a_k p_k$,

　　$rr_k=(L^{\mathrm{T}})^{-1}rr_{k-1}-a_k L^{-1}(M^{\mathrm{T}}M)q_k$,

end

为了更好地说明快速重力三维反演方法的有效性，本书进行了模型试验研究。研究区域由20×20×10(4 000)个地下空间离散网格组成，每个单位网格的尺寸为100 m×100 m×100 m，地面观测点的个数为20×20(400)个。该研究区域存在4个重力异常体，其具体的空间分布信息如表2.3所示，其空间分布情况如图2.16和图2.17所示。假设背景场密度为0，重力异常信息如图2.18所示。

表2.3　地下空间重力异常体的空间分布信息

模型	三维尺寸($x\times y\times z$)	深度	密度
A	600 m×300 m×300 m	350 m	0.5 g/cm^3
B	200 m×200 m×200 m	400 m	0.9 g/cm^3
C	300 m×200 m×400 m	400 m	0.9 g/cm^3
D	200 m×300 m×400 m	500 m	1.0 g/cm^3

在下面的反演研究中，采用常规共轭梯度法、对角线预处理因子的共轭梯度法、不完全分解法预处理因子的共轭梯度法、对称逐次超松弛预处理因子的共轭梯度法，对由四个异常源引起的重力异常进行反演研究，说明各方法的效率。反演结果如图2.19、图2.20、图2.21所示。

从反演结果中可以看出，应用不同预处理因子的反演结果有所差异，这是由不同方法得到结果的拟合程度差异造成的。图2.22给出了常规共轭梯度法、对角线预处理因子的共轭梯度法、不完全分解法预处理因子的共轭梯度法、对称逐次超松弛预处理因子的共轭梯度法四种方法的反演结果误差分析。

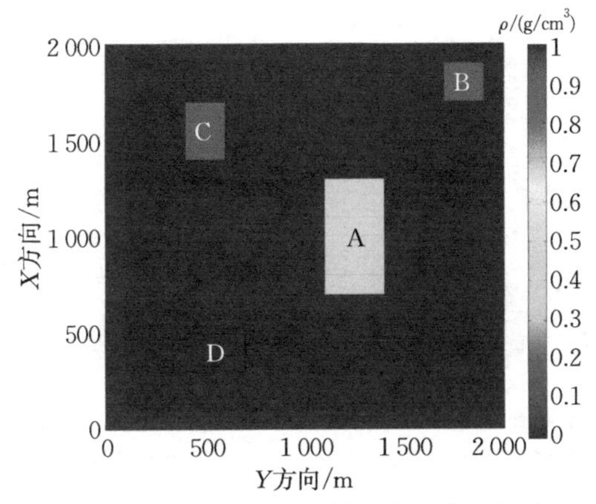

图 2.16　多个重力异常体的水平位置切片

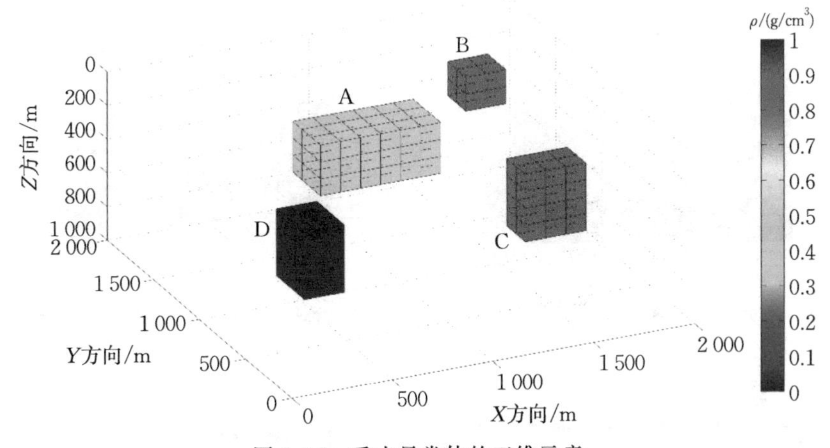

图 2.17　重力异常体的三维示意

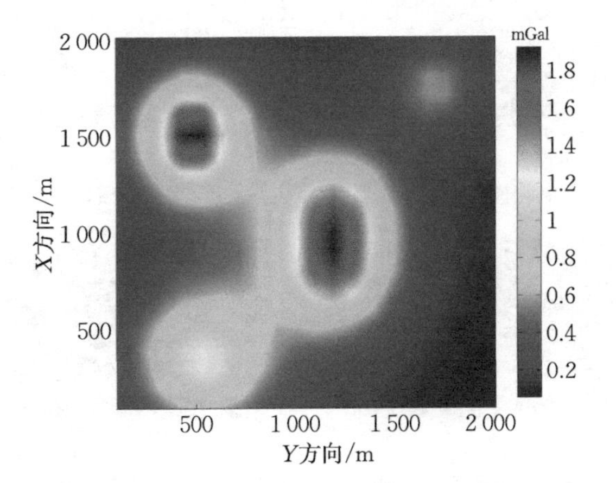

图 2.18　多个重力异常体引起的重力异常变化

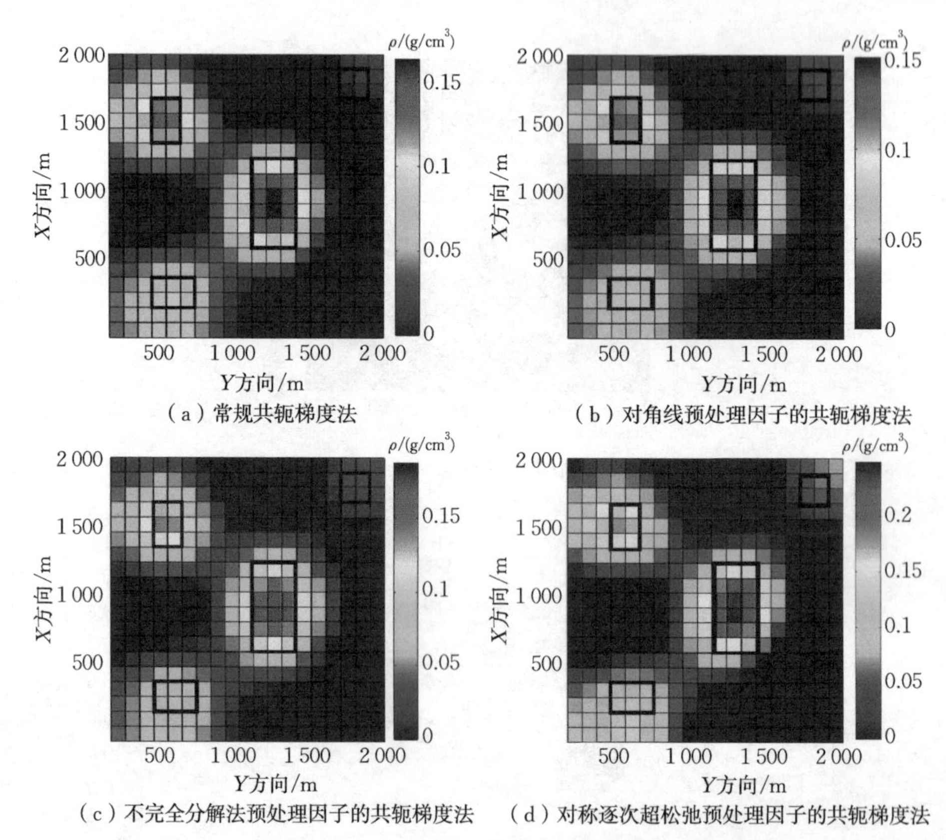

（a）常规共轭梯度法　　（b）对角线预处理因子的共轭梯度法

（c）不完全分解法预处理因子的共轭梯度法　　（d）对称逐次超松弛预处理因子的共轭梯度法

图 2.19　Z 方向 300 m 深度应用四种不同方法得到的反演结果

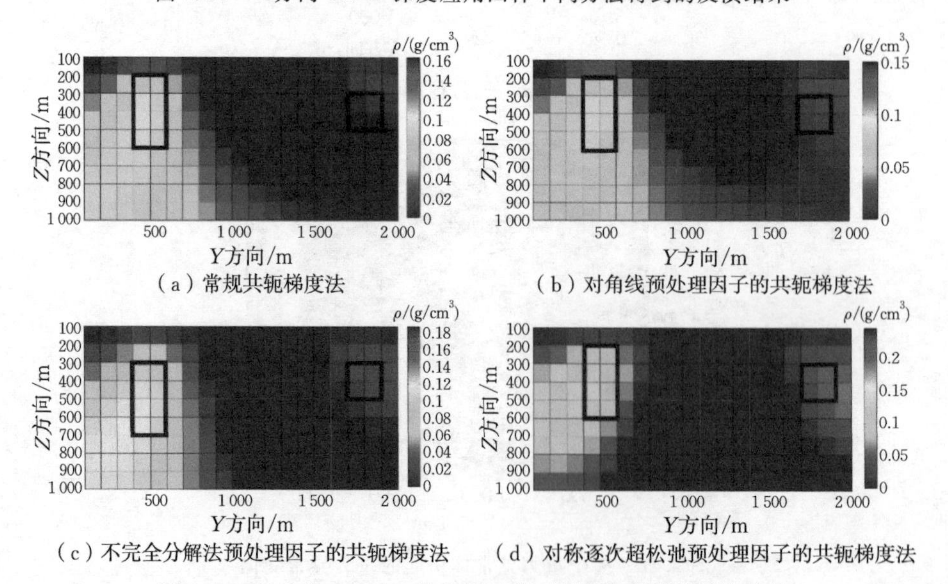

（a）常规共轭梯度法　　（b）对角线预处理因子的共轭梯度法

（c）不完全分解法预处理因子的共轭梯度法　　（d）对称逐次超松弛预处理因子的共轭梯度法

图 2.20　X 方向 1 700 m 处应用四种不同方法得到的反演结果

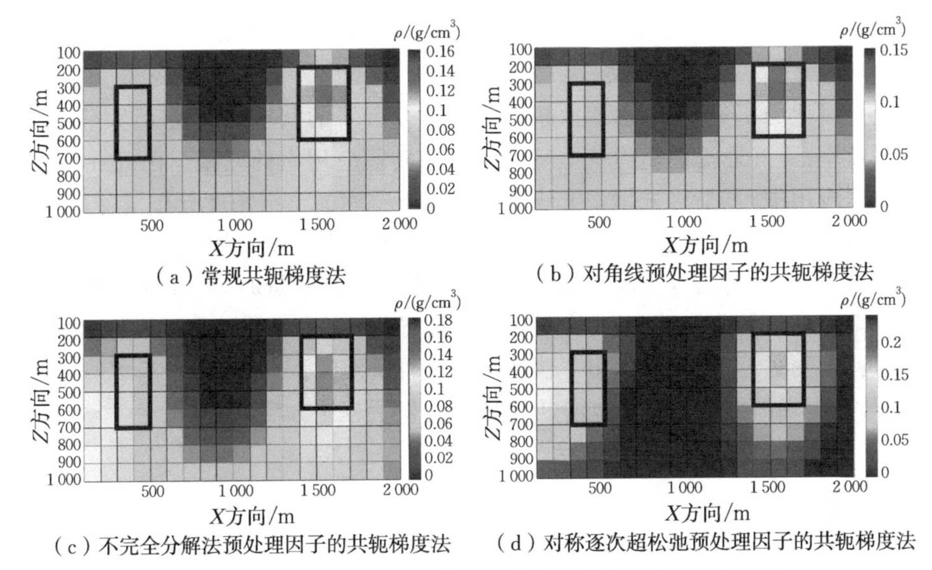

（a）常规共轭梯度法　（b）对角线预处理因子的共轭梯度法

（c）不完全分解法预处理因子的共轭梯度法　（d）对称逐次超松弛预处理因子的共轭梯度法

图 2.21　Y 方向 1700 m 处应用四种不同方法得到的反演结果

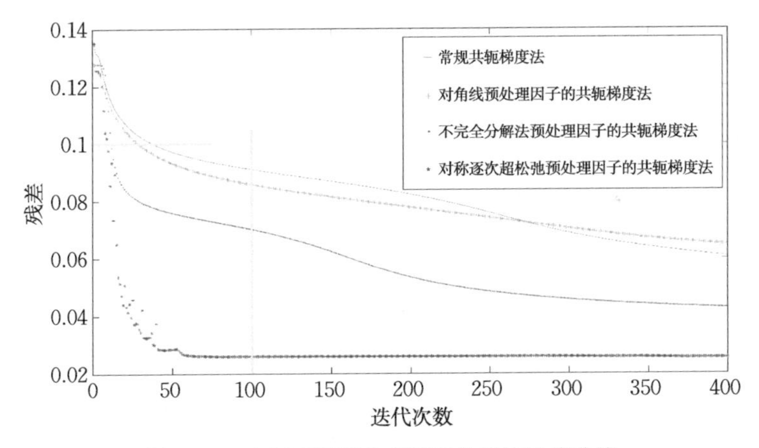

图 2.22　应用不同预处理因子的反演迭代曲线

如图 2.22 所示，在同样迭代 100 次的情况下，常规共轭梯度法、对角线预处理因子的共轭梯度法、不完全分解法预处理因子的共轭梯度法和对称逐次超松弛预处理因子的共轭梯度法的数据误差分别为 0.091 1、0.070 3、0.085 9 和 0.024 7；而在相同的数据误差为 0.1 的情况下，不同算法的迭代次数分别为 38、12、29 和 10。这些情况都说明采用对称逐次超松弛预处理因子的共轭梯度法可以有效降低反演迭代次数。从反演的时效性来看，在相同的迭代 400 次的前提下，这些算法所需的时间分别为 498.1 s、509.7 s、919.7 s 和 980.3 s。通过以上分析结果可以看出，在相同的反演迭代次数下，不同预处理因子的加入会增加反演所需的时间，但是时间最多增加 1 倍，相比于反演迭代次数的减少，这种时间增加是非常少的(以上反演算法的计算环境为:8 GB 内存,64 位操作系统,Inter Core i7 处理器,频率为 2.8 GHz)。

以上对比分析说明,对称逐次超松弛预处理因子的共轭梯度法可以有效地降低反演效率,更好地提高重力三维反演方法在实际应用中的效果。因此在后续的实际数据应用中,本书将采用该方法来获取地下空间的三维密度分布信息。

重力异常以不同深度、不同规模、不同形态以及不同物性特征呈现在重力观测面上。同时,重力场具有空间叠加性,进行地质解释与分析时,会遇到困难。为了提高对重力异常的分辨能力,突出更多的有益异常信息,本书对重力异常的数据处理与解释理论进行了研究,提出了快速重力三维反演方法,并确定了基本的数据处理流程,为本书后续的重力数据分析与解释提供了理论方法的支持。

第3章　青藏高原及邻区的构造地质及形变特征

§3.1　引　言

本书研究区域的范围为北纬 20°～45°、东经 65°～110°。其中包含的青藏高原是中国最大的高原，也是世界范围内地势最高的高原，其地理分布特征如图 3.1 所示。本章主要介绍青藏高原及邻区的大地构造及区域地质背景，对区域现今地震活动进行统计分析，利用已有形变场计算获取区域现今应变率场，并分析区域地壳运动与应变率场的特征。

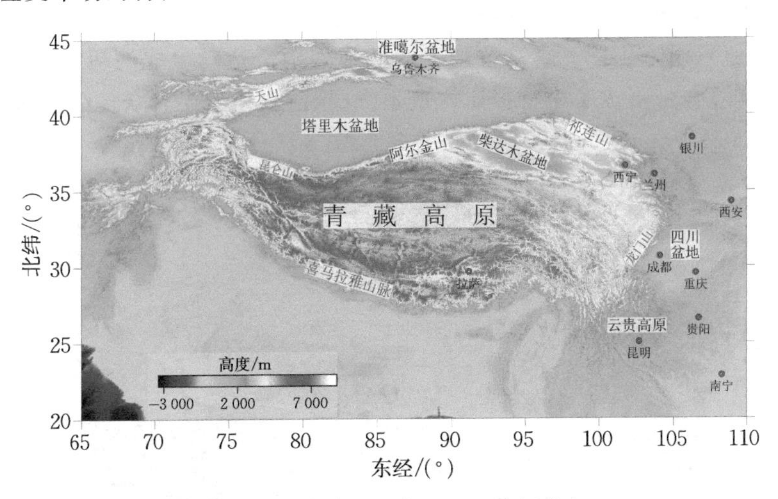

图 3.1　青藏高原及邻区地理特征分布

受欧亚板块与印度板块碰撞的影响，青藏高原及邻区具有强烈的、大规模的地壳运动。其中喜马拉雅山脉北部为青藏高原，南边山带有冈底斯山，中间有唐古拉山，北边最明显的山带属于昆仑山脉。青藏高原东西长约 3 000 km，西侧有 2 条北西向浅断裂谷，东半部有 2 条明显的北东向长断裂谷。东西向的昆仑山脉、天山山脉与北西西向的祁连山和北东东向的阿尔金山的交切格局，夹持了塔里木和柴达木两个沙漠盆地，还有天山以北近似三角形的准噶尔盆地。青藏高原内部受长期的挤压与构造影响，形成了众多海拔超过 6 000 m 的山峰，其中最著名的是喜马拉雅山脉中的山峰，许多山峰超过了 8 000 m。该地区受高原地势和全球气候的影响，内部环境复杂，气候多变，同时也是长江、黄河、雅鲁藏布江、恒河、印度河、怒江、澜沧江、塔里木河等东亚、东南亚和南亚许多大河的发源地。同时高原地下岩浆活动频繁，存在多处地热活动带，形成了许多温泉、热泉、火山，如著名的羊八井地热田、腾冲火山等。

§3.2　区域构造及地质背景

自板块构造学说问世以后，众多国内外的地球物理学家和地质学者都认为，青藏高原地区是陆陆板块碰撞的典型地区，是探索地球科学宝库的一把金钥匙。青藏高原及邻区主要构造板块和边界划分，是当前该区域板块构造精细结构研究的主要方向，也是板块内构造研究的热点问题（潘桂棠 等，2002）。青藏高原及邻区具有复杂的岩石圈结构与超厚的地壳，基于全球岩石圈构造演化体制——弧—弧、弧—陆、陆—陆碰撞带，该区域的构造单元基本骨架包括了西昆仑—阿尔金—祁连—秦岭缝合带，共同围限形成了原特提斯构造系统（塔里木板块、柴达木盆地）；印度河—雅鲁藏布缝合带与南昆仑俯冲碰撞杂岩带，二者构成了古特提斯构造系统（青藏高原）；由燕山期—喜马拉雅山期的强烈构造运动生成的褶皱构造带与班公错—怒江缝合带形成了中特提斯构造系统（拉萨块体），还有众多活动断裂带（潘桂棠 等，2002；Wang et al，2014），如图 3.2、图 3.3 所示。

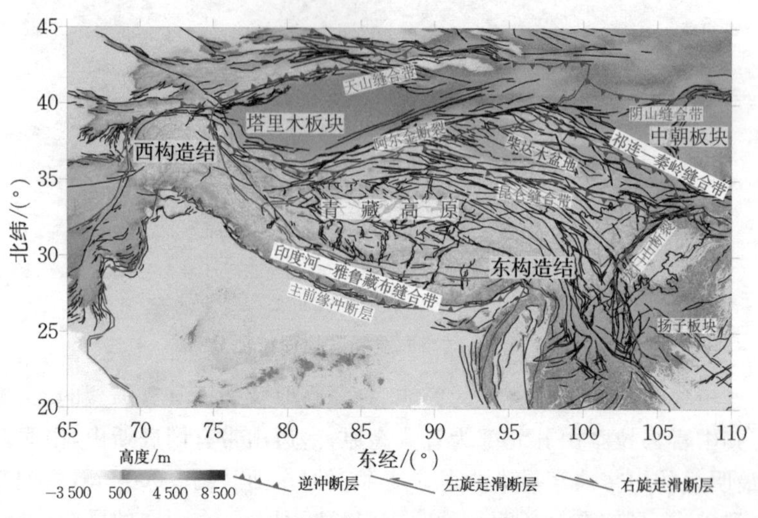

图 3.2　青藏高原及邻区主要构造板块和边界简化图

从图 3.3 可以看出，青藏高原内部主要由三个块体组成，从南到北分别为拉萨块体、羌塘块体和松潘—甘孜块体，被班公错—怒江缝合带和金沙江缝合带分离开，其外部也被印度河—雅鲁藏布缝合带和东昆仑缝合带分割出了喜马拉雅块体和昆仑块体（Bai et al，2017）。除了主要围绕青藏高原形成的普遍的走滑剪切断裂，西藏还存在广泛的北西向正常断层。同时印度板块仍以相当均匀的收敛速度向北移动。

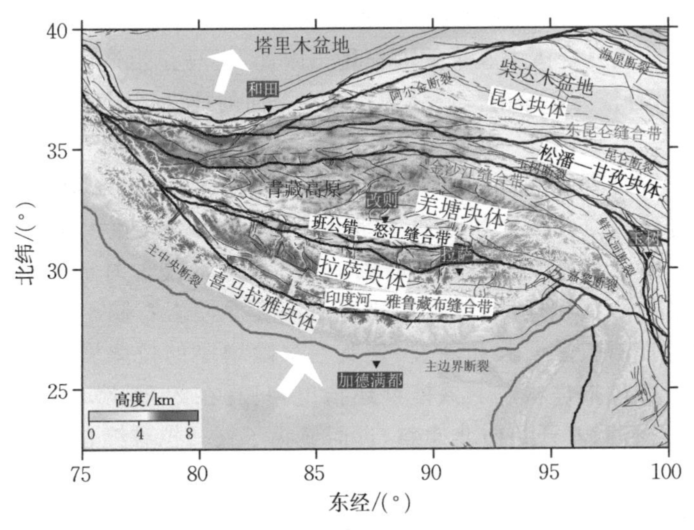

图 3.3　青藏高原构造简图

从地质学的研究可以看出，青藏高原及邻区是由众多陆壳拼接起来的，主要源于古生代和中生代，区域内最近的合并发生在新生代早期欧亚板块与印度板块的碰撞时期(Rowley，1996，1998)，其地质图如图 3.4 所示。

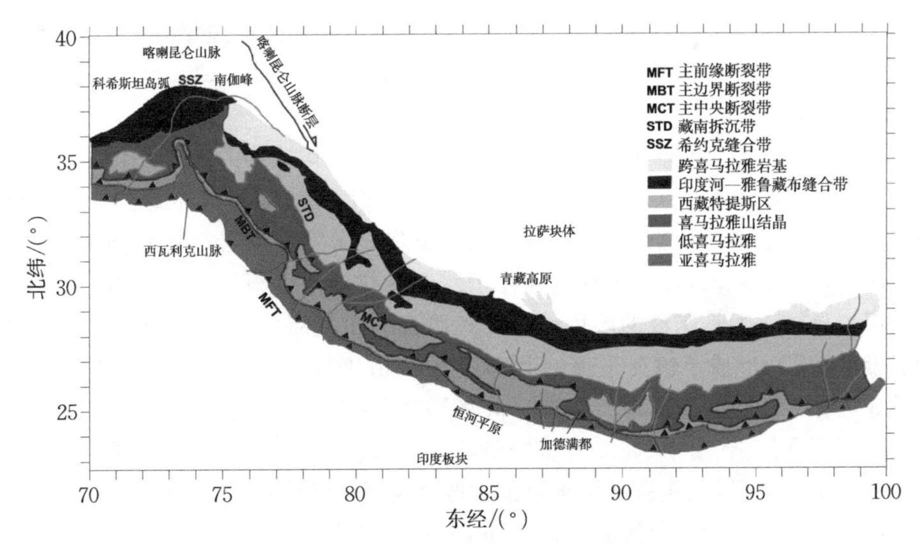

图 3.4 青藏高原南缘(弧形带)地质图

在碰撞之前，印度板块的表面积要比现今大得多，而这个大的板块延伸到距离现代喜马拉雅山脉北部更远的地方(Decelles　et al，2002)。因此，印度板块向北运动时，其地壳消失的部分很可能埋在喜马拉雅山脉和西藏南部的一个北倾滑脱构造内，如主中央逆断层，该特征同时在区域地震活动与应变率场的研究结果中，也得到了证实。与此同时，东西部地区的正断层发生在藏南拆离系中，该系统在暴露高喜马拉雅变质核复合体中起了关键作用。因此，喜马拉雅造山期的中新世演化特征主要是：沿着推力系统的深层结构存在水平向的地壳挤压现象，并在拆离系的浅水平层位上一直延伸（Hodges et al，1992）。这些构造活动有可能作为一种有效机制被用来解释青藏高原南部的地壳挤压现象（Hodges et al，2001）。Chung等（2005）在青藏高原及邻区的地质学研究中，对其构造演化模型的研究涉及青藏高原上新生代岩浆活动的空间和时间的系统变化。这种时空变化详细地阐述了一个地球动力学演化模型，该模型描述了印度地幔岩石圈于何时以及如何通过俯冲的新特提斯板块回滚和断裂，使其在移除增厚的拉萨岩石圈根后开始在亚洲区域下方出现推进状态。该模型还指出，只有在约 26 Ma 发生岩石圈去除后，印度地幔岩石圈才开始向北倾斜，进而成为了喜马拉雅缝合带造山作用的关键控制因素。

地质资料显示，在青藏高原北部的羌塘块体中部，正断层也始于中新世中期（约 13.5 Ma）（Chung et al，2005）。青藏高原北部发育了广泛的古近纪沉积盆地。岩浆作用通常发生在整个羌塘块体中，并在扬子板块或华南板块最西端的红河断裂带周围形成同期沉积盆地。同时可以看出，中新世—第四纪的火成岩只分布在青藏高原北部地区，呈扩散状，说明此区域可能是青藏高原最晚隆升的区域之一，并且一直持续到现在。此区域的特征与岩石圈低速结构形状、热流异常区域形状、莫霍面水平结构和地表速度场均存在一致性（Chung et al，2005；Shi et al，2018）。

欧亚板块与印度板块在新生代早期的碰撞时期，其持续的相互作用导致了强大的喜马拉雅山脉和青藏高原的诞生，并形成了印度河—雅鲁藏布缝合带，该缝合带成功地分离了喜马拉雅山脉和青藏高原，也代表了特提斯喜马拉雅地区北部边界。从地理学上来说，喜马拉雅地区位于欧亚板块和印度板块之间。喜马拉雅地区北部边界被认为是东流的雅鲁藏布江和西流的印度河，而南部边界则是主前缘断裂带（MFT），形成了恒河平原的北部边界（Yin，2006）。从地质学上来说，喜马拉雅地区分为：亚喜马拉雅（三级层）、低喜马拉雅（由古生代沉积岩和少量岩浆岩组成）、高喜马拉雅（由中、高级变质岩和新生代浅色花岗岩组成）和特提斯喜马拉雅（海洋、化石地层）。在喜马拉雅地区有四个主要的结构单元：位于恒河平原和亚喜马拉雅山脉之间的主前缘断裂带（MFT）、位于亚喜马拉雅和低喜马拉雅之间的主边界断裂带（MBT）、位于低喜马拉雅和高喜马拉雅之间的主中央断裂带（MCT）及位于特提斯喜马拉雅的藏南拆沉带（STD）。青藏高原南缘地质图（Gupta et al，2014）如图 3.4 所示。

对研究范围内不同区域的构造背景进行归纳总结，如表 3.1 所示。

表 3.1 青藏高原及邻区内不同区域的构造背景

<table>
<tr><th>区域</th><th>有效弹性厚度/km</th><th colspan="2">地壳波速/(km/s)</th><th>地壳波速特征</th><th>热流/(mW/m^2)</th><th>地壳结构特点</th><th>构造活动性</th></tr>
<tr><td>青藏高原</td><td>23～34</td><td colspan="2">7.8</td><td>存在明显的横向不均匀性；
存在低速扰动</td><td>70</td><td>3 层结构；
地壳厚度约 45～67 km；
存在复杂的壳幔过渡带</td><td>年轻的构造活动区；
形变强烈</td></tr>
<tr><td rowspan="3">喜马拉雅块体</td><td rowspan="3">34～42</td><td>上地壳</td><td>6.3</td><td rowspan="3">速度结构呈正梯度；
壳内无低速层</td><td rowspan="3">40～45</td><td rowspan="3">2 层结构；
地壳厚度约 43 km；
下地壳厚度约 19 km；
壳幔过渡带不发育</td><td rowspan="3">特提斯块体；
内部形变大；
不稳定</td></tr>
<tr><td>下地壳</td><td>6.5～6.8</td></tr>
<tr><td>上地幔</td><td>8.5</td></tr>
<tr><td>青藏高原东缘</td><td>35～49</td><td colspan="2">6.1</td><td>在 6～24 km 深度处存在低速层</td><td>42.5～68.8</td><td>地壳厚度约 47～51 km；
地壳复杂性介于青藏块体和鄂尔多斯块体之间</td><td>复杂的活动构造单元；
内部构造活动不统一</td></tr>
</table>

§3.3 区域地震活动性

青藏高原是世界上最活跃的大陆地震带之一。浅源地震活动在青藏高原上分布广泛，而中源地震在喜马拉雅山脉的东部和西部地区占主导地位（图 3.5、图 3.6）。图 3.6 表明了浅源地震活动的随机分布，与青藏高原演化历史的构造模型不一致（Shi et al,2018）。从图 3.6 给出的 1976—2018 年青藏高原及邻区地震主震的 *M-t*（表示地震随时间发展的数量密度和震级大小）与震源深度分布可以看出，1976—2018 年该地区存在大约 1 500 个浅源地震（$H \leqslant 50$ km）和 700 个中源地震（$50 < H \leqslant 300$ km）（Hatzfeld et al,2010）。整个青藏高原地区都可能存在浅源地震，而中源地震活动则集中在喜马拉雅弧形区域的东西两个楔形转弯部位，即东端集中在东喜马拉雅构造结、云南和缅甸一带，西端集中在帕米尔高原地区，地震在东西两端形成来回迁移的现象。从地震震源深度的投影图可以清晰地看出，区域内的地震存在中间浅、两端深的特点，符合该区域的构造特征。

从图 3.7 可以看出，青藏高原及邻区 $M_W \geqslant 6.0$ 地震主震的震源机制解的多样性表明了青藏高原及邻区目前的应力场的复杂性（Bai et al,2017）。通过进一步分析震源机制解，可以明显得出结果：西部帕米尔高原的断裂以逆平移性质为主，中间的喜马拉雅弧形区域以逆断层为主，而东部则以平移走滑断层为主。通过综合分析该区域内的地震震源分布和震源机制解，发现在该区域的横向与纵向切片上震源分布均呈现一弧形突起（图 3.6），即震源表现为东西深，中部浅，正好印证了青藏高原地区下部可能存在一个不对称的西缓东陡向北倾斜的楔状体。

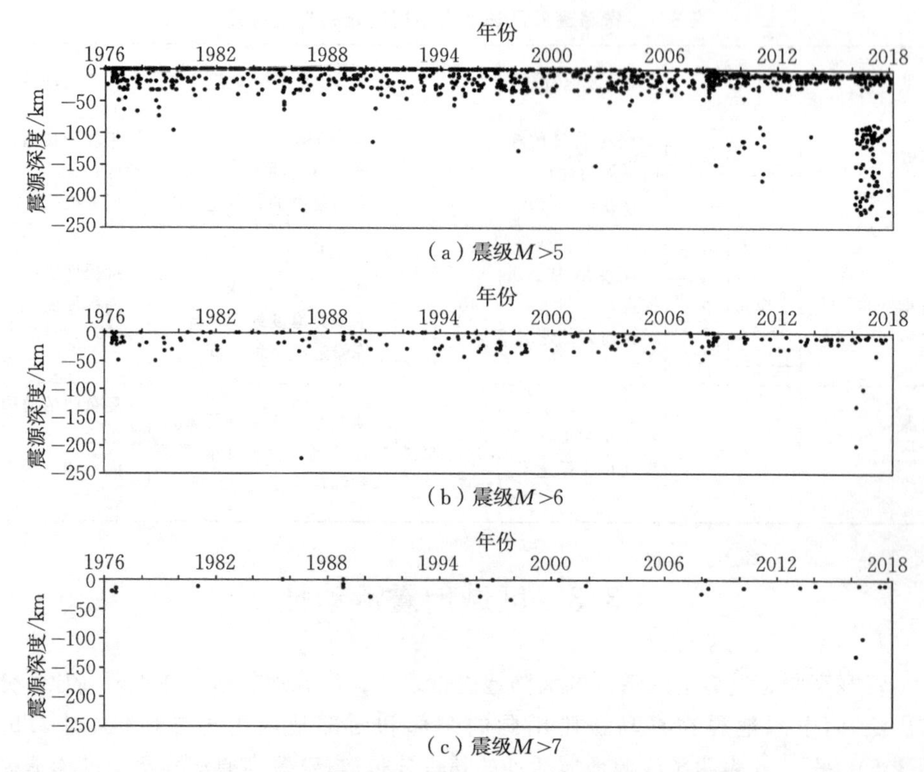

图 3.5　1976—2018 年青藏高原及邻区地震主震的 *M-t* 与震源深度分布

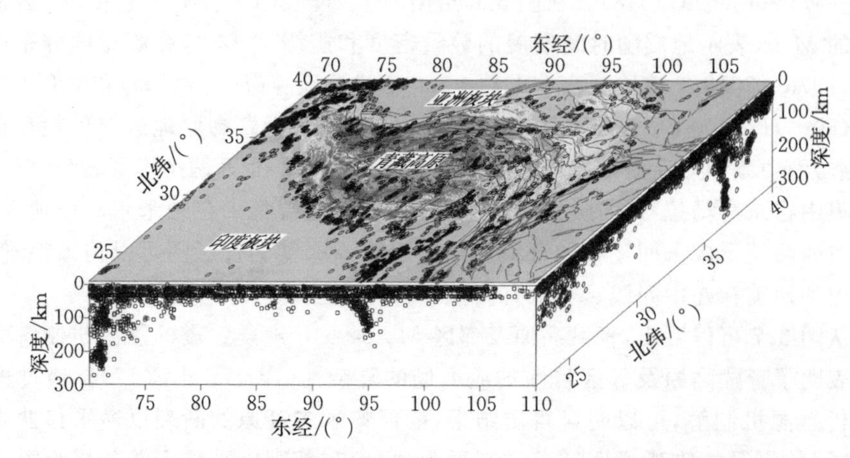

图 3.6　1976—2018 年青藏高原及邻区 $M_W \geqslant 5.0$ 地震主震的震源深度分布

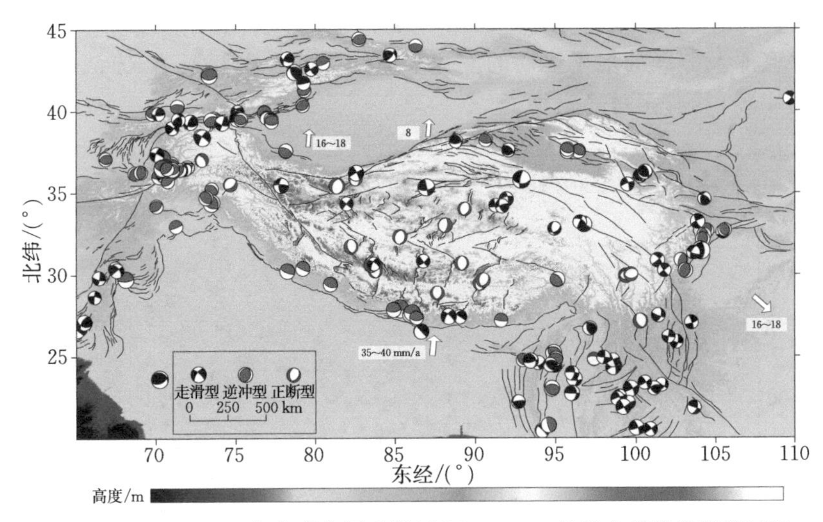

图 3.7　1976—2018 年青藏高原及邻区 $M_W \geq 6.0$ 地震主震的震源机制解

§3.4　区域形变及应力应变

随着空间大地测量技术的发展,监测现今大陆地壳运动及其运动过程的方法研究变得切实可行,大面积地壳水平运动场和主要地块活动与形变的研究成果也日益丰富。其中,Zheng 等(2017)通过卫星观测技术,给出了迄今为止印度—欧亚大陆最完整、最精确、最先进的震间速度场,包括 2 576 个速度值。速度场显示出青藏高原及邻区内几个大的未形变区,且形变集中在一些主要断层,存在高原扩张的现象(Zheng et al,2017),如图 3.8 所示。分析宏观特征发现,青藏高原及邻区的地壳运动与形变强度表现为南部强、北部弱,由印度板块推挤引起的青藏块体整体差异运动最为显著,区域内的地壳形变表现为以青藏块体为主体的北东向地壳缩短与北西向地壳拉张。北北东向地壳缩短速率约为 28 mm/a,北西西向地壳拉张速率约为 25 mm/a(塔里木盆地至川滇块体)。从地壳相对运动的有序分布来看,一是绕喜马拉雅东构造结顺时针方向的强烈扭转运动最显著,二是青藏块体西北部绕逆时针方向出现扭转运动趋势。受以上两种扭转运动的影响,青藏块体中部至其东缘的近东西向水平运动逐次减弱,呈现地壳缩短的挤压转抬,而其西缘则表现为地壳拉张的形变状态。

虽然卫星观测资料给出了最直观的地壳运动图像,但速度场是相对于参考基准来说的,并不能直接定量反映区域构造形变。而在速度场基础上进一步获得应力应变率场,就可以进一步定量地反映青藏高原及邻区的构造形变。应力应变率场的各种参数能够全面表达形变的不同性质与强度,且与基准无关。针对上述研究背景，同时考虑实际观测中卫星测站的分布不均匀性，本书利用最小二乘配置法解算青藏高原及邻区的地壳运动的应变率场(王帅 等,2015)。该方法侧重于低频域的应变率场，具有相对稳定性。

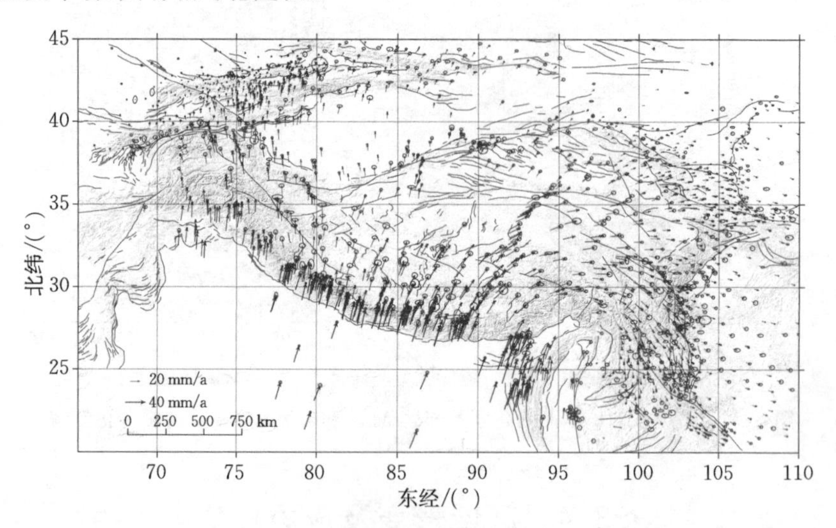

图 3.8　青藏高原及邻区 1991—2015 年震间速度场(误差椭圆为 95%的置信区间)

图 3.9 给出了由 Zheng 等(2017)基于卫星观测资料解算的青藏高原及邻区的应变率场重要参数——主应变率(矢量)，即各网格点上用相互垂直的两对箭头表示。从主应变率的矢量分布来看，主应变率矢量长度较大的区域主要分布在青藏高原南部与新疆天山西部。构造的形变最强烈的青藏块体主应变率优势分布为：最小主应变率是北东向，最大主应变率是北西向。而新疆天山地区主应变率优势分布为：最小主应变率是南北向，最大主应变率是东西向。对于不同分区的构造形变方式，本书通过分析应变率场的其他参数发现，在印度板块与欧亚板块边界附近主压应变率量值是全区最高的，主压应变率方向与主干断裂方向接近垂直或略带右旋，且主张应变率比主压应变率要小得多，区域基本呈现为挤压型形变区。

其中，青藏高原的主体正处在南北向挤压、东西向拉张的应变状态中，青藏高原东部的川滇地区则正好相反，该局部区域处于南北向拉张、东西向挤压的应变状态中。青藏高原及邻区主应变率的方向与震源机制解中 P 轴、T 轴的方向基本一致；最大主压应变率的高值区分布在喜马拉雅主边界冲断带及附近地区，青藏高原内部出现主张应变率大于主压应变率的现象，表明青藏高原内部正处于拉张应变状态。青藏高原南缘的喜马拉雅弧形外侧、前缘及以南地区，地震主压应变力方向与弧形构造垂直，西端为偏北北东至南南西向，东端为偏北北西至南南东向(Li et al,2018b)。青藏高原及邻区的应变率计算结果也揭示出青藏高原区域现今的地壳应变与较长期的地质活动之间有一定的继承关系(许才军,2002;朱守彪 等,

2005),可将其与地震、地质资料结合,对区域的地震危险性进行分析。

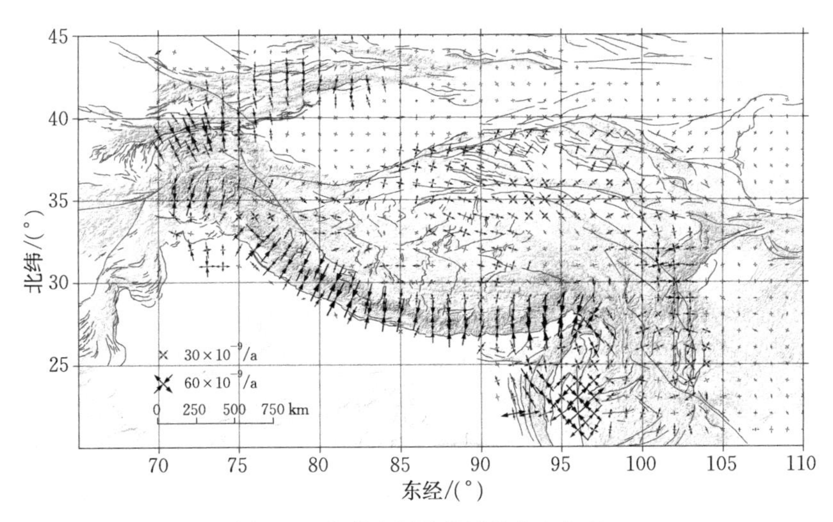

图 3.9 青藏高原及邻区的主应变率

针对青藏高原及邻区的基本构造与地质特征,从区域构造及地质背景、地震活动、现今形变场和应变率场出发,详细研究了该区域的构造框架、相关地球物理场信息和地质演化模型等,为后续对该区域进行重力场、密度结构和孕震环境的定性分析和定量解释,奠定了基础。

第 4 章　青藏高原及邻区的密度结构

§4.1　引　言

青藏高原及邻区已经开展的地质和地球物理工作,为研究该区域的深部构造变化、地表隆升等相关问题提供了重要依据。地球重力场是地球物质密度分布的直接反映,精细的重力异常分布、重力场时空动态变化能较好地反映地壳厚度的差异、地壳密度的变化和地壳深部物质的迁移等构造运动信息。在地质、地球物理资料的基础上,从重力学角度分析研究区域的大地构造特征,这对该区域的地球动力学研究有重要意义。

本章利用重力实测资料进行区域重力场建模,并通过重力数据处理方法,获取区域布格异常;对区域重力场特征进行定性分析;根据地震、地质资料建立密度反演参考模型,进行密度结构反演;最终对密度异常信息进行定量解释,探究区域内构造运动的相应地球科学问题。

§4.2　区域重力数据处理

4.2.1　区域重力资料

1. *重力数据来源*

通过项目合作、公开的文献资料查询、专家通信联络等方式,收集到的重力数据主要包括以下几类:

(1)中国地震台网中心提供的地震重力观测数据(全国重力测网提供 410 个站,四川重力测网提供 186 个站)。

(2)Fu 等(2014)对四川盆地地区展开的重力测网(302 个站)。

(3)Fu 等(2017)对喜马拉雅东构造结地区展开的重力测网(107 个站)。

(4)中国地震局地球物理研究所提供的玉溪盆地重力测网(641 个站)。

(5)EGM2008 地球重力场模型(球谐展开阶数为 2 190 阶)。

2. *数据说明*

青藏高原及邻区的重力数据分布情况如图 4.1 所示。研究区域有一定密度的离散地面重力数据和 GPS 卫星定位拟合高程异常数据,其中地面重力联测了水准高程。地面重力数据分布在 65°E～110°E、20°N～40°N 的区域，分辨率约为 1′×1′。另外有青藏高原及邻区的分辨率为 15″×15″的数字地形模型。

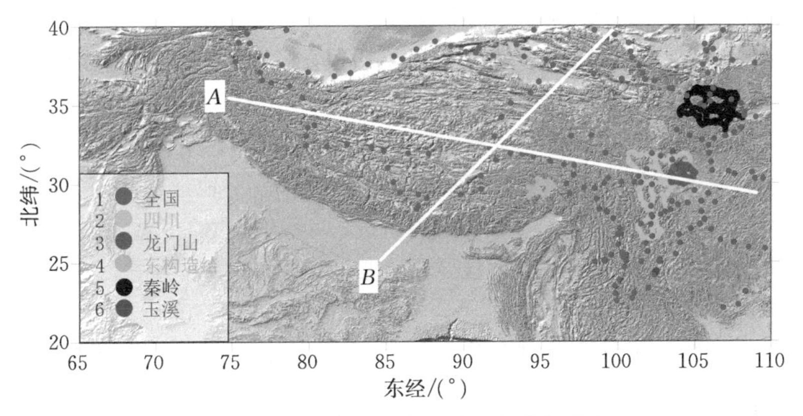

图 4.1　青藏高原及邻区的重力数据分布

4.2.2　区域重力场确定

为了确定高精度、高分辨率的区域重力场，将离散地面重力数据与重力场模型进行融合。采用平面重力归算方法(Heiskanen et al，1967；李建成 等，2003；章传银 等，2006)(图 4.2)，即移去—恢复法，确定区域重力场。下面介绍离散地面重力数据处理流程。

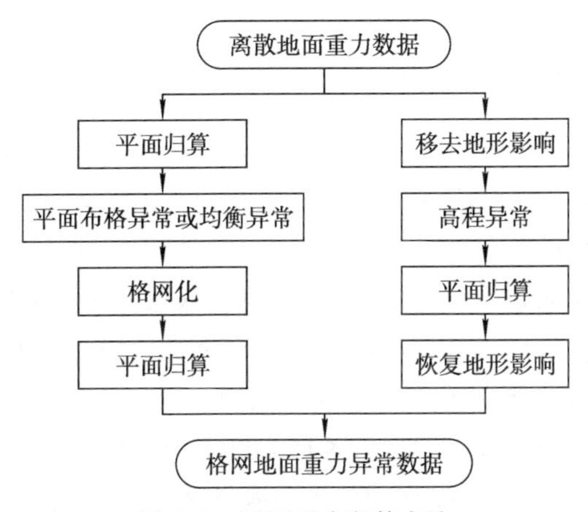

图 4.2　平面重力归算方法

1. 计算地面平均空间异常

(1)利用离散地面重力数据计算离散地面空间异常。

(2)利用数字地形模型，计算离散点的平面布格校正、平面地形改正，得到离散点的布格异常。

(3)进行格网化,得到区域内分辨率为$1'\times1'$的地面平均布格异常。

(4)扣除平面地形改正、平面布格校正,得到地面平均空间异常。

2. 计算剩余高程异常和零阶高程异常

(1)利用数字地形模型和参考重力场位系数,计算区域内分辨率为$1'\times1'$的模型空间异常和分辨率为$1'\times1'$的模型高程异常。

(2)从地面平均空间异常减去模型空间异常,得到剩余空间异常。

(3)利用球面斯托克斯积分,由剩余空间异常和数字地形模型,计算剩余高程异常。

(4)将剩余高程异常与模型高程异常相加,得到零阶高程异常。

3. 计算高程异常地形改正

(1)莫洛坚斯基积分。通过零阶高程异常,结合地面平均空间异常,计算得到莫洛坚斯基一阶项。

(2)斯托克斯积分。利用上述计算得到的莫洛坚斯基一阶项,基于已有的数字地形模型,计算得到高程异常地形改正。

4. 确定区域重力场

(1)利用参考重力场,计算水准点的模型高程异常。

(2)利用地面平均空间异常、莫洛坚斯基一阶项,计算水准点的剩余高程异常。

(3)通过最小二乘配置法,融合观测场元和配置场元,得到高程异常改正数。

(4)根据模型高程异常、剩余高程异常、高程异常地形改正和高程异常改正数,确定区域重力场。

4.2.3 重力场正反演

4.2.2节数据处理所得到的重力异常值,是地球内部密度异常(局部重力场)和密度界面起伏(区域重力场)的综合反映。位场向上延拓处理可以突出区域性或深部较大规模地质体的重力异常特征。为了提取目标研究层之间的重力信息,本书对青藏高原及邻区的重力场进行正演,即对布格异常数据进行多次延拓处理,分离出由不同深度的密度结构变化引起的重力异常。在此过程中,由每层平均密度不均匀引起的重力异常也被剔除,其中,界面密度差取0.04 g/cm^3,平均深度取100 km(Braitenberg et al,2000)。参考已有的重力剖面获取的地壳模型与地震解释结果(孟令顺 等,1990;彭聪 等,2000;王谦身 等,2001;刘宏兵 等,2001),对青藏高原的三维密度结构进行重力正演,就可以获取每层由密度差异引起的重力异常,进而更加直观有效地分析该区域的构造变化特征(Parker,1972,1973;方剑 等,1997,1999;方剑,2006)。这样的重力分层处理方法,也为下文青藏高原及邻区大尺度的重力反演模型构建作了优化,提升了反演时空效率。

§4.3　区域重力场与密度结构

4.3.1　青藏高原及邻区的重力异常

在本书研究中，使用密度值 2.67 g/cm³ 和滤波半径 90′(166.7 km)进行布格校正和地形改正，使用第 2 章中的正常重力值进行纬度改正，以获取青藏高原及邻区的自由空气异常(图 4.3)与布格异常(图 4.4)。图中 H1～H4 和 L1～L4 分别代表重力高值区和低值区，G1～G3 代表重力高梯度带。将其结果与地球重力场模型相比，发现在局部地区内分辨率与精度均得到了有效的提升(图 4.5)。

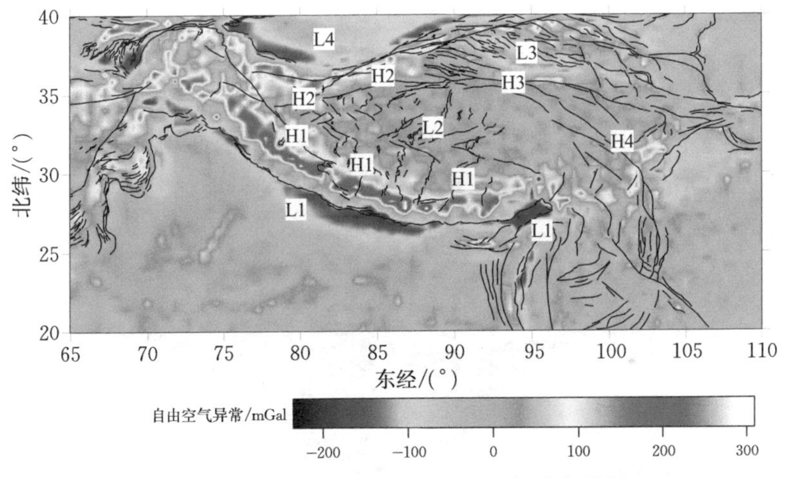

图 4.3　青藏高原及邻区的自由空气异常特征

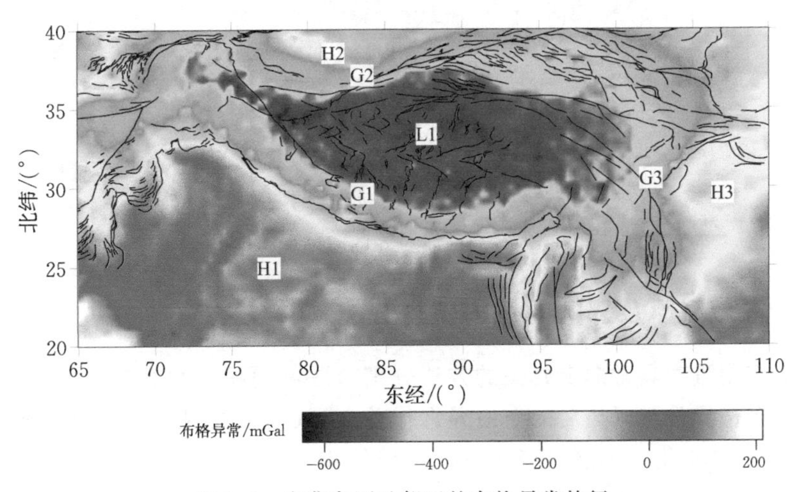

图 4.4　青藏高原及邻区的布格异常特征

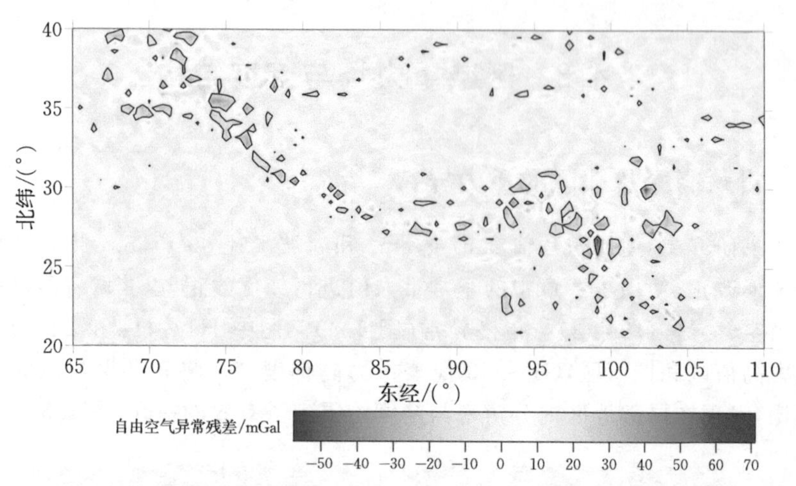

图 4.5　青藏高原区域重力场与 EGM2008 地球重力场模型对比

通过青藏高原及邻区分辨率为 1′×1′的平均布格异常计算该区域莫霍面深度(图 4.6)。青藏高原下方莫霍面平滑而陡倾，埋深最大的区域位于藏北高原，其最大深度可达 72 km。若考虑该地区地形，则地壳厚度可能达到 78 km。青藏高原边缘地区的海拔较高，其下方莫霍面的深度不大。

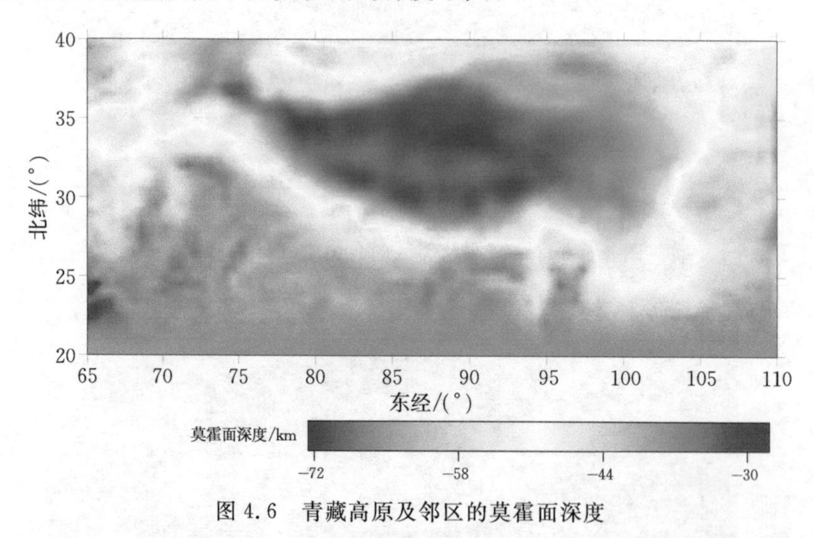

图 4.6　青藏高原及邻区的莫霍面深度

4.3.2　青藏高原及邻区的重力位场分离

本书应用重力异常向上延拓的方法分别获取不同频率的低频重力异常信息，并将原始布格异常与延拓后的布格异常作差，获取由不同层的密度结构变化所引起的重力异常变化。如图 4.7 所示，分别给出了 5 km、15 km、25 km、35 km、45 km、65 km、85 km 及 85 km 以下总共 8 层密度层引起的重力异常变化。

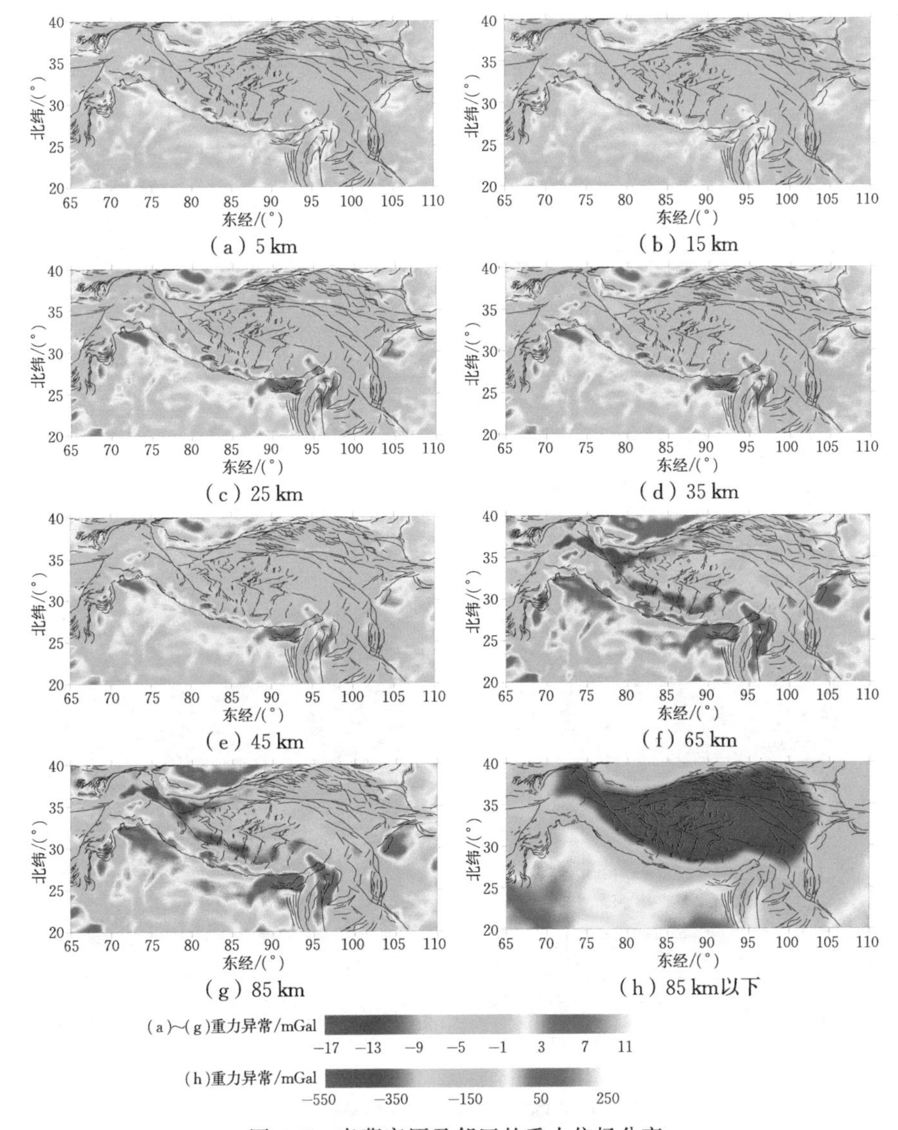

图 4.7　青藏高原及邻区的重力位场分离

其中，85 km 以下的重力异常是由地下空间整体密度分布差异(莫霍面)引起的区域重力异常[图 4.7(h)]，其他层都是由密度差引起的重力异常。将 85 km 以下的由界面起伏引起的重力异常扣除，得到剩余布格异常，认为其是由地壳内物质密度不均匀引起的重力异常，并将其用于青藏高原及邻区的三维地壳密度结构反演。

4.3.3　青藏高原及邻区的密度结构

在重力反演中，将从速度模型中转换得到的密度作为反演模型初值(Nafe et al，1961；Bao et al，2013，2015；Li et al，2018a)，反演模型预设区域范围为 65°E~110°E、

20°N～40°N,格网分辨率为 3′,反演得到的青藏高原及邻区的 5 km、10 km、15 km、30 km、40 km、50 km、70 km、90 km 深度的密度异常分布如图 4.8 和图 4.9 所示。

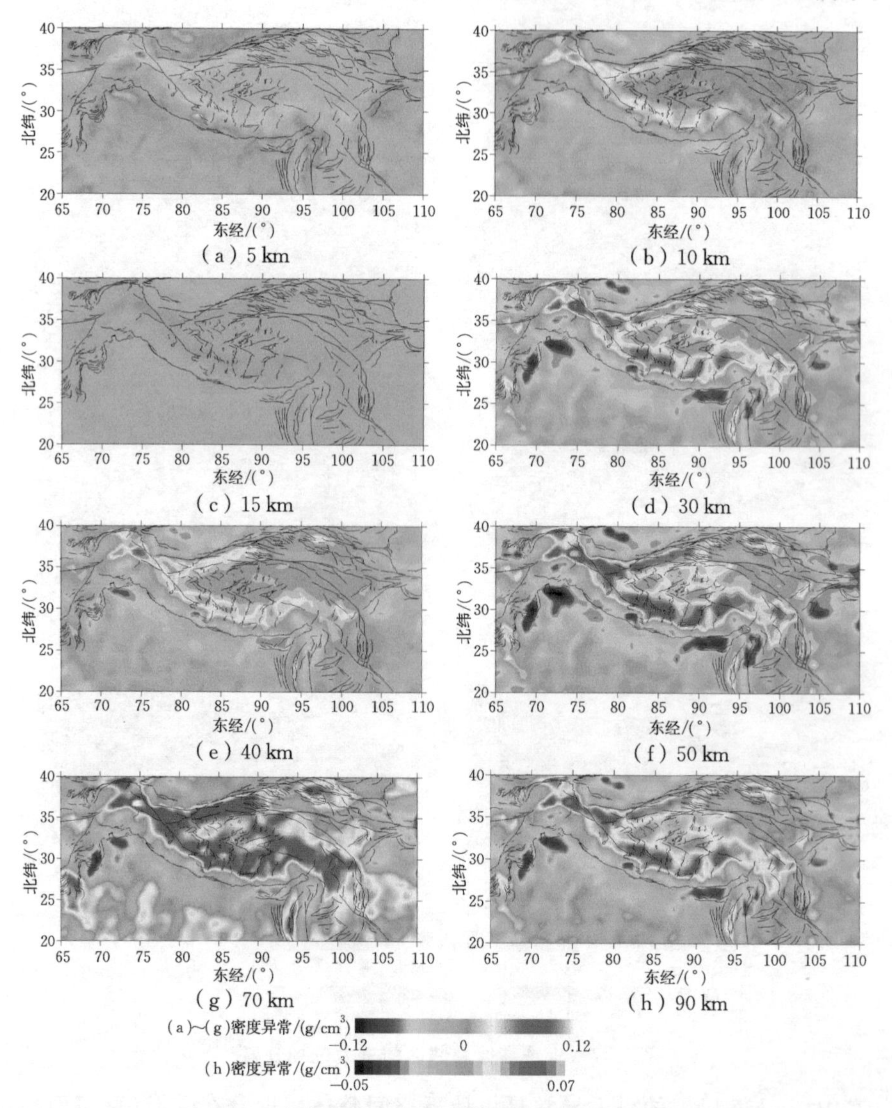

图 4.8 青藏高原及邻区的密度异常变化平面分布

区域重力场与密度结构均显示了青藏高原及邻区不同块体构造的差异性。不同深度的重力异常梯度带可以有效地划分出青藏高原及邻区的区域性构造单元,如图 4.10 所示。密度异常分布在纵向上出现分层,且在横向上存在明显的不均匀性。在 10～85 km 深度范围内,存在大范围的负密度异常区域,且正密度异常区集中分布在 70～90 km 层位间,与周边形成了 $-0.12 \sim 0.12\ g/cm^3$ 的密度差,如图 4.8 所示。喜马拉雅造山带中部的地壳与地幔的运动状态可能存在解耦现象。

在地壳内，密度异常等值线走向与地表断裂走向基本一致；进入地幔后，密度异常等值线走向发生了顺时针旋转。因此青藏高原岩石圈三维密度结构有利于深化认识研究区域构造运动和分析动力学机制。

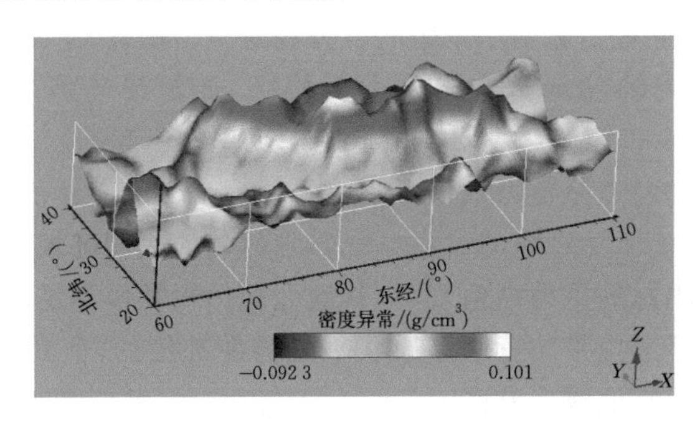

图 4.9　青藏高原及邻区的密度异常变化三维曲面

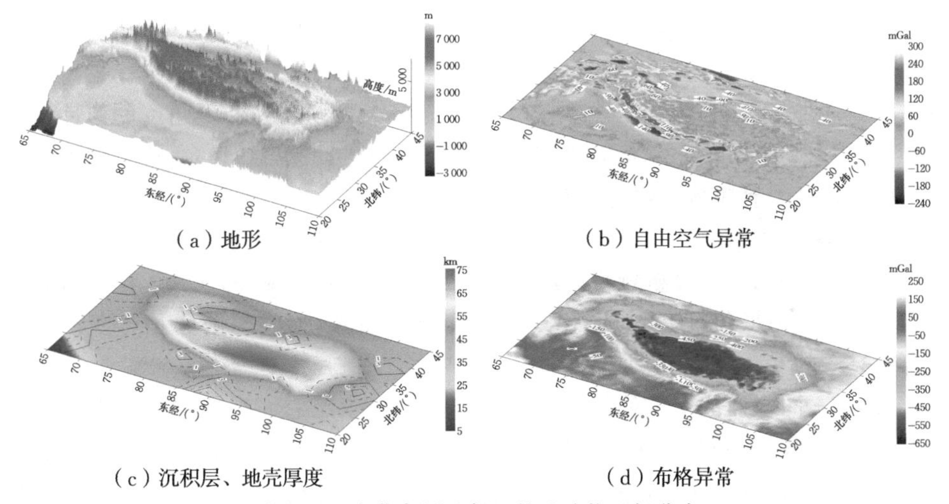

(a) 地形　(b) 自由空气异常

(c) 沉积层、地壳厚度　(d) 布格异常

图 4.10　青藏高原及邻区的地球物理场分布

§4.4　分析与讨论

4.4.1　重力场特征

1. 区域自由空气异常

结合区域大地构造（图 3.2、图 3.3）和地质背景（图 3.4），以重力异常值的表征现象来分析区域构造特征。从图 4.3 中的区域自由空气异常可以看出：

(1)重力高梯度带与欧亚板块和印度板块的褶皱和逆冲带有关。青藏高原及邻区的喜马拉雅山麓、印度河—雅鲁藏布缝合带、阿尔金断裂带、天山缝合带、祁连—秦岭缝合带等主要边界与区域重力异常的分布有很好的一致性。喜马拉雅褶皱冲断带、印度河—雅鲁藏布缝合带（H1）、阿尔金断裂—昆仑缝合带（H2，H3）、祁连—秦岭缝合带(H2)、龙门山构造复合带(H4)等地区的自由空气异常都存在明显的变化。地质学研究指出,这是由沿其生长的高密度岩石引起的,尤其是恒河盆地至喜马拉雅山麓地区,重力异常变化剧烈。这种现象说明,青藏高原及邻区的重力场与岛弧地区或者山脉型汇聚带的重力场是类似的。

(2)相应区域内的盆地基本为重力低值区,如恒河盆地(L1)、柴达木盆地(L3)、塔里木盆地(L4)等。这主要是由低密度沉积物引起的。

(3)青藏高原的特点是重力低值(L2)在−30～−20 mGal范围内变化,区域地壳几乎处于均衡状态。尽管它的自由空气异常的负值表明区域存在均衡补偿的现象,然而喜马拉雅山脉的重力高值表明,其地壳的山根补偿不足。这与大多数造山带的情况一致,这些造山带的背面高原几乎是均衡补偿的,但其边缘补偿不足,易形成应力应变转换带、地震多发区。

(4)在喜马拉雅东构造结的南迦巴瓦峰得到重力低值(L1),该区域是除去盆地、褶皱和逆冲带以外,唯一的自由空气异常低值区。地质学的研究表明,该区域没有高密度镁铁质岩石。从地震活动可以看出,深源地震主要集中在青藏高原岩石圈的俯冲带,类似于海洋俯冲带,这可归因于印度板块快速和低角度的俯冲作用(Jin et al,1996;Mishra et al,2008)。同时喜马拉雅冲断带(H1)所特有的重力高值特征在喜马拉雅东构造结地区也不存在。

2. 区域布格异常

采用同样的方法,分析青藏高原及邻区的布格异常发现(图4.4),青藏高原呈现大范围的重力低值(L1),这是由地壳均衡增厚所致,而它的两侧是与逆冲带和缝合带有关的G1和G2重力梯度带。

(1)在不同块体的交汇处,如喜马拉雅造山带、东昆仑断裂带和龙门山构造复合带,梯度值各不相同,如在喜马拉雅造山带约为1.85 mGal/km。即使同一条梯度带,在不同的块体区域内其变化也有不同,如龙门山东北端梯度值约为2.5 mGal/km,而西南端约为0.8 mGal/km。

(2)考虑青藏高原及邻区的地质背景,其内部存在俯冲杂岩带和活动陆缘增生带两部分,两者密度差异较大,可以形成不同性质的重力异常,所以碰撞带处也常存在重力异常梯度带。单论青藏高原内部,就存在多条近乎平行的重力梯度带,它们与地表断裂的形迹也相符,均为自西向东贯穿整个青藏高原。

(3)在自由空气异常的作用下,这些断层和缝合带又表现为重力高值。H1相对重力高与塔里木盆地有关,因为该区域有各种侵入体(Yang et al,2007)。值得注意的是,与逆冲断层和缝合带的高密度岩石有关的自由空气异常分布位置(H1、H2、H3、H4)在布格异常中却没有反映(图4.3),这可归因于均衡补偿的影响。喜马拉雅构造带,特别是珠穆朗玛峰附近仍存在大约120 mGal的正均衡异常,这说明该区域地下质量过剩,是印度板块向北挤压所致。

总体而言,布格异常反映了青藏高原及邻区的主要地质和构造趋势。

4.4.2 位场分离

青藏高原重力场呈四周高、中间低的态势,最低重力异常值达－590 mGal,异常形态较复杂,但具有明显的规律性。为了便于解释,将重力场分为东、西、南、北四个区域进行分析,以班公错—怒江缝合带为界呈现截然不同的南北两区。为了更好地认识青藏高原及邻区的内部重力场的特征,对获取的重力异常,通过向上延拓将重力场分离,扣除深部影响,得到浅部地壳剩余重力异常,以便分析青藏高原横向结构的总体特征。

从不同层直观地分析重力异常信息(图 4.7),可以看出,地壳各层界面起伏较大,表明高原地壳形变强烈。青藏高原南缘喜马拉雅块体界面相对较浅,处于界面陡变带,向北进入拉萨块体,界面相对变深。在正演分层图像中,大的界面起伏与大的断裂构造有关。上地壳深度[图 4.7(a)、图 4.7(b)]的重力异常较清晰地反映了恒河盆地邻区北东向的断裂。中地壳深度的分层图像在西昆仑断裂地区出现了明显的低重力异常值,并在 25～45 km 深度处[图 4.7(c)、图 4.7(d)、图 4.7(e)]有很好的成像。在下地壳深度的分层图像[图 4.7(f)、图 4.7(g)]中,剩余重力异常的展布形式则是两条近北西西—南东东向的香肠状条带,这种异常形态被证明是由欧亚板块和印度板块碰撞形成的俯冲杂岩带、壳幔变化断阶带、较厚的下地壳和高速的壳幔混合体等多种因素综合作用的结果(Kind et al,2002;李永华 等,2006;Zhao et al,2010)。

从构造的角度间接分析不同层对地面重力异常变化的影响,发现青藏高原及邻区的沉积层[图 4.7(a)、图 4.7(b)]在 5 km 层的物质变化不大,引起的局部重力异常在 4～5 mGal 范围内,空间展布范围在数十千米之内。但如图 4.6 所示,研究地区的莫霍面起伏很大(Chen et al,2017a),而且该界面上下的密度差为 0.3 g/cm^3 左右,这些导致该层青藏高原及邻区的重力异常变化可能为 12～16 mGal,空间展布范围在数百千米之内,呈现出很明显的区域异常。在上地幔内部[图 4.7(g)、图 4.7(h)],以地震学和电磁学得到的速度、电阻率的横向变化为依据(Bao et al,2013,2015;Li et al,2018b),发现上地幔的重力异常在横向上变化剧烈。岩石圈板块俯冲导致俯冲的板块密度比同一深度处的地面密度高,当剩余密度达到 0.05 g/cm^3 时,会产生－2～＋2 mGal 的重力异常变化,空间展布范围达到一百余千米。

重力分层(重力正演)结果(图 4.7)显示,地壳各层界面起伏较大,表明高原地壳形变强烈,呈明显的垂向分层特性,符合典型的“三明治”结构(Goetze et al,1979;Brace et al,1980;Ranalli et al,1987)。同样,地震学的结果也说明,青藏高原岩石圈内的上地壳和上地幔是坚硬的脆性层,而下地壳是软弱的韧性层(Chen et al,1983,2004)。从密度结构的剖线 *B* 中可以看出(图 4.12),青藏高原南缘喜马拉雅块体的界面相对较浅,处于界面陡变带,往北进入拉萨块体,界面相对变深,直到松潘—甘孜块体，区域界面又出现陡变带。正演剖面中，大的界面起伏与大的断裂构造有关，如印度河—雅鲁藏布缝合带、班公错—怒江缝合带地区，莫霍面的陡变也暗示了莫霍面可能存在错断的现象。统计发现，30 km 以下地壳产生的重力异常占重力总异常的 80%以上，低密度层及高密度层产生的重力异常最大可占重力总异常的 10%左右（图 4.7、图 4.8）。

4.4.3 密度结构特征

北西西—南东东向的剖线 A（图 4.11）与南西—北东向的剖线 B（图 4.12）分别位于图 4.1 中的两条白色实线位置。从纵向剖面角度分析计算所得的重力场与密度异常结构可以看出：随着海拔的剧变，自由空气异常的变化也会发生变化，而经过布格校正后，布格异常却呈现明显的镜像变化。

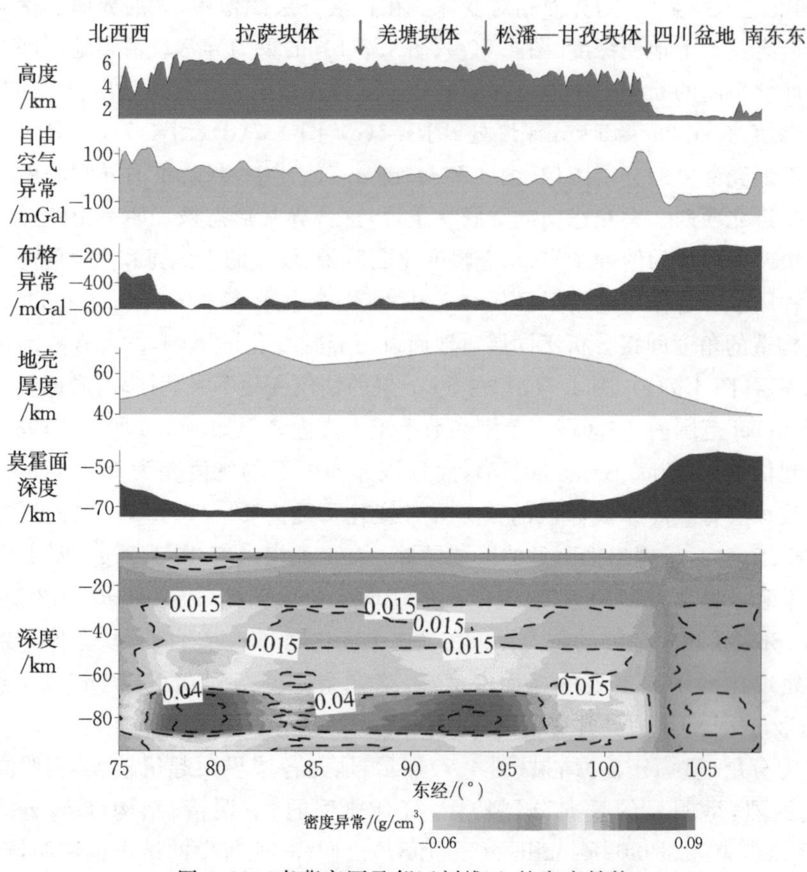

图 4.11 青藏高原及邻区剖线 A 的密度结构

图 4.12 显示了南西—北东向穿过青藏高原的布格异常、自由空气异常、地壳厚度、莫霍面深度等的对比情况。从图 4.12 中看出，青藏高原的地壳厚度从南到

北由 35 km 增大到 70 km 左右，喜马拉雅山脉正处在重力异常的梯度带上。也可以看出，布格异常与区域地壳厚度呈负相关关系，与区域的莫霍面深度有很好的一致性。还需指出的是，无论东西向还是南北向的结构剖面，均显示出青藏高原莫霍面具有近似盆地的对称结构特征，莫霍面的陡变也暗示了莫霍面存在断错现象。在密度的纵向成像中，也可以看出受地壳或莫霍面的影响，深部密度异常存在明显的差异。通过分析地壳厚度变化及上地幔内部密度不均匀性，可以确定引起重力异常的深部地质因素主要是地壳厚度。此外，上地幔物质密度的变化在一定程度上也影响了重力异常的分布。据测定，地壳上层平均密度为 2.6～2.7 g/cm^3，下层为 2.9 g/cm^3，上地幔为 3.31 g/cm^3。可见康拉德界面、莫霍面都是明显的密度分界面，它们的起伏对重力场基本背景有决定性的影响。地壳增厚，显示重力低、密度异常高；反之，显示重力高、密度异常低。地壳厚度可由 50 km 增加到青藏高原地区最厚的 70 km 左右[图 4.10(c)]，相应的布格异常也从＋400 mGal 变化到－500 mGal 左右[图 4.10(d)]。

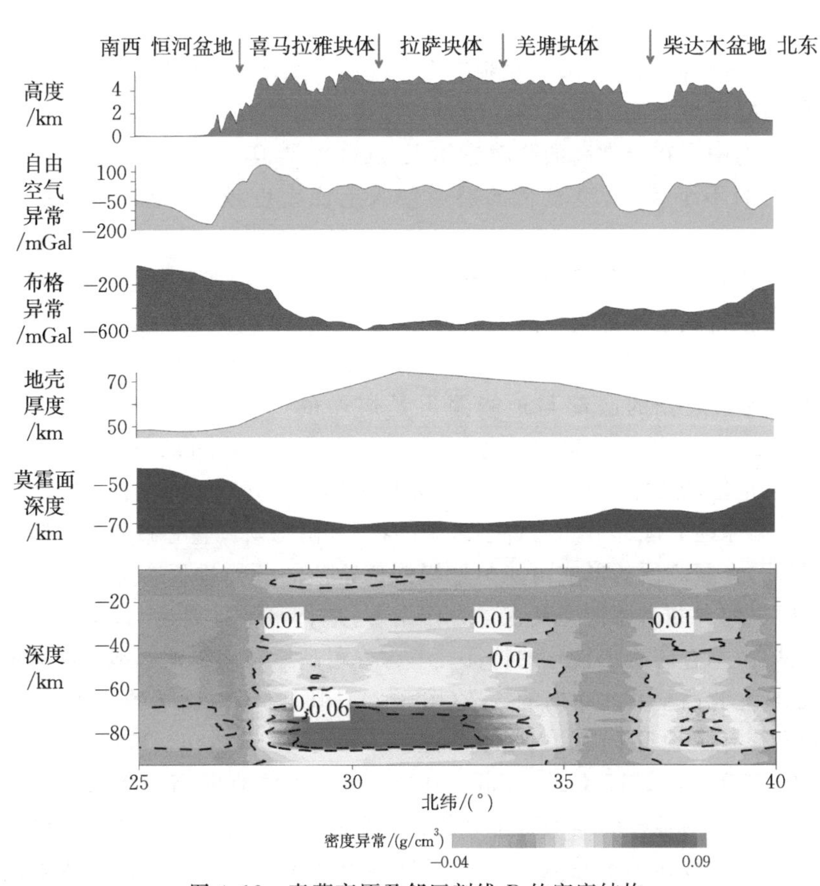

图 4.12 青藏高原及邻区剖线 *B* 的密度结构

从图 4.11 和图 4.12 中还可以看出，在中下地壳深度处，不同块体具有不同密度异常特征，喜马拉雅块体、拉萨块体和羌塘块体存在高的正密度异常区，松潘—甘孜块体东部存在较低的负密度异常区，恒河盆地（L1）存在较高的正密度异常区；从中部到东部，研究区的中上地壳物质存在差异，分布着复杂的高、低密度异常，而下地壳物质存在一定连续性，表现为强烈的低密度异常[图 4.8(h)]。

仔细分析青藏高原东缘地区（图 4.7、图 4.8、图 4.11），布格异常与三维密度结构均显示：四川盆地在中上地壳深度处密度异常值较低；松潘—甘孜块体的密度异常值相对较高；龙门山构造复合带（H4）正处在密度异常梯度带上，是松潘—甘孜地块向东南方的四川盆地逆冲的结果。在下地壳深度处，四川盆地为低密度异常区，表明地壳物质是坚硬的，松潘—甘孜块体则是高密度异常区，表明物质比较软弱。低密度异常块体的存在可能对青藏高原东部下地壳物质的流动起阻碍作用。

青藏高原及邻区深部存在较大密度差异（$-0.12\sim0.12\ g/cm^3$）。根据其他地球物理和地质资料推断，该地区可能存在地幔侵入体。同时存在的大规模负布格异常，可能是青藏高原南缘喜马拉雅造山带区域的刚性岩石圈厚度变薄导致热的、高密度的地幔发生上涌而形成的。通过地质学证据，发现青藏高原东缘大型走滑断层下沉积物中存在异常高的孔隙流体压力（许志琴 等，2018；李海兵 等，2018），且由于重力的不平衡，密度较低的层会侵入上面密度较高的层，产生重力失稳现象。

青藏高原在补偿风化侵蚀及物质流动之余，依旧能保持迅速隆升的趋势，表明青藏高原山根得到了深部物质的不断补充，因此，青藏高原在达到一定高度之后，地壳结构的构造运动作用也逐渐加强（Liu et al，2014）。现今地震学的研究也表明，青藏高原地壳的底部与地幔附近是熔融的（Sun et al，2014，2021；Chen et al，2017，2018a），地壳的温度较高（Clark et al，2000；Schoenbohm et al，2006），随之存在大范围的负重力均衡。这些研究均说明，青藏高原深部的构造活动仍在继续，青藏高原地壳底部分布着许多多余的物质，由均衡调整导致的高原隆升仍在继续。因此，青藏高原的形成可能与地幔深部物质的分异过程有关。当青藏高原形成后，巨厚的青藏高原地壳又在重力作用下，进行水平扩展运动，整个过程表现出地球物质由垂直向水平转化的特征。考虑青藏高原东南缘地区地质结构最突出的特征是自北北西至北北东向的构造（图 3.2），同时参考地震学的波速结果，发现青藏高原东南缘地壳内存在局部低速区（Yao et al，2006，2008，2009；Wang et al，2010；王苏 等，2015；Gao et al，2017）。以此推测青藏高原南缘喜马拉雅造山带中部的地壳与地幔的运动状态可能存在解耦现象，这源于该地区不同圈层强度的差异以及对载荷的不同程度响应。同时，布格异常（图 4.4）显示，青藏高原内部存在明显的由自重作用（垂直的重力）形成的附加应力场（England et al，1997a，

1997b)。该应力场可能导致青藏高原深部存在应力场变化，进而驱动下地壳上地幔深度的物质发生运移(Chen et al,2015,2017)。根据青藏高原及邻区的现今形变场、应力场及地质背景推断，在重力作用下，青藏高原地壳内可能一直存在巨大的剩余重力势能与强大的水平应力体系，其控制着内部构造运动与地震活动(Gutenberg,1960;Hulley,1963;Poirier,2000;Teng,2009)。

密度不均、重力失稳曾被认为是构造运动的控制力(李四光，1973a，1973b；Zoback,1983;Artemjev et al,1994;Kaban et al,2004)。在青藏高原动力学机制的研究中，均涉及了岩石圈拆沉、软流圈物质作用和部分熔融物质等。拆沉作用是由岩石圈内密度差异而导致的重力坍塌。在拆沉过程中，逐渐增厚的下地壳慢慢转变为密度较大的其他物质，并与岩石圈地幔一起拆沉进入软流圈地幔，而上涌的软流圈物质和部分熔融物质的密度异常低。在重力场控制下，青藏高原及邻区的内部垂向密度呈现分层或倒置，其水平方向上的不均匀，或许会成为该区域的构造驱动力，随即形成区域构造运动现象。

第 5 章　喜马拉雅东构造结地区孕震环境

§5.1　引　言

喜马拉雅东构造结(eastern himalayan syntaxis,EHS)(简称"东构造结")是印度板块和欧亚板块碰撞、挤压的畸点,位于喜马拉雅山脉东缘,断裂构造发育且具有横向不均匀性,构造运动十分强烈,是新生代青藏高原区域内隆升和剥露最快的地区之一。其构造特征如图 5.1 所示,其中,WHS 表示西喜马拉雅构造结,EHS 表示东喜马拉雅构造结,NB 表示南迦巴瓦峰,GP 表示加拉白垒峰,蓝色曲线表示雅鲁藏布江,白色虚线框表示密度反演区域,白色虚线表示密度剖面。

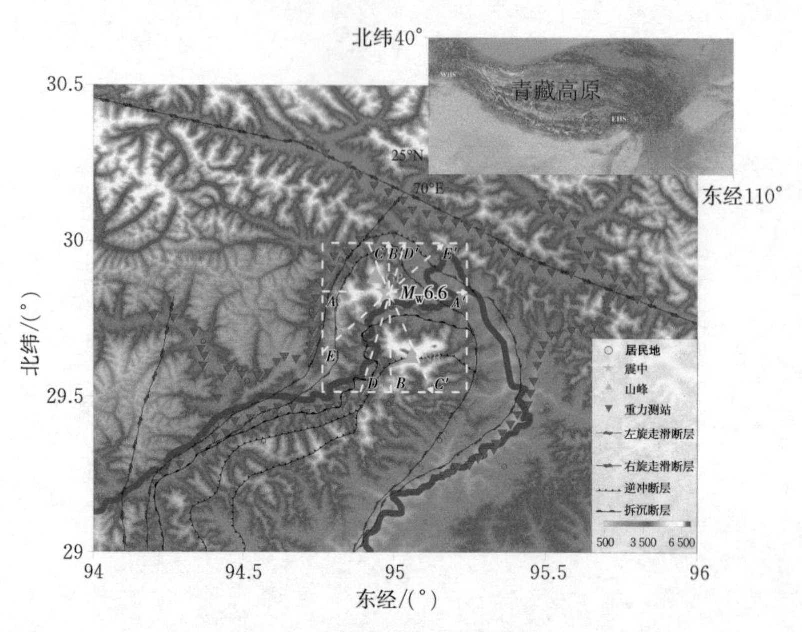

图 5.1　东构造结地区的构造特征

米林地震是发生在东构造结北端的地震,是该区域近 50 年来较大的一次地震。本章将通过结合合成孔径雷达干涉测量(interferometric synthetic aperture radar,InSAR)技术获取的米林地震同震形变场与地震波形数据,联合反演确定震源参数及发震断层同震滑动分布。通过重力反演给出发震区域的三维密度异常信息,借助地质、地球物理等资料,研究断裂带附近的物性特征,探析此次地震的孕震环境。本书试图通过米林地震,对东构造结浅部的活动构造有更清晰的认识。

§5.2　东构造结构造特征

东构造结区域由冈底斯、雅鲁藏布和喜马拉雅三个构造单元所组成(钟大赉等,1996;刘焰 等,1998;Yin et al,2000)。其构造体系包括北向楔入、南向挤出两大构造(Burg et al,1998;Hauck et al,1998;刘焰 等,2006)。印度板块前期楔入形成东久—米林剪切带、阿尼桥—墨脱剪切带和东构造结内部的挤压构造。后期垮塌作用形成的脆韧性高角度正断层以南迦巴瓦峰为中心向外倾斜。其中,正断层系统的上盘为南迦巴瓦峰,各下盘以南迦巴瓦峰为中心向四周拆离。热年代学证据表明,南迦巴瓦峰核心区呈复式背斜状快速隆升,外围拉萨块体和冈底斯构造单元隆升速率较慢(Burg et al,1998;Yin et al,2000,2006;Beaumont et al,2001;Ding et al,2001;Seward et al,2008;Xu et al,2012,2013;张泽明 等,2013;Robinson et al,2014;康文君 等,2016;Yang et al,2018)。

区域地震活动性显示,东构造结及邻区发生过2次M_S 7以上地震(1947年西藏朗县东南M_S 7.7地震和1950年西藏察隅M_S 8.6地震)和许多中小地震,它们主要集中在印度东构造结北端与东侧区域(Chang et al,2015;Zeitler et al,2015;白玲 等,2017),沿着阿尼桥—墨脱剪切带(AMSZ)展布,而西部地区与南迦巴瓦峰(NB)地区地震偏少(Yang et al,2018)。深源地震在西藏东南地区也较少,浅源和中源地震的空间分布与活动特征表明(Priestley et al,2008),在喜马拉雅弧形山系西部弧顶地区,存在板块的相向俯冲;在喜马拉雅弧形山系两弧顶之间,恒河盆地地带浅源地震震源深度向北倾,而雅鲁藏布江北侧却向南倾,中源地震在过渡带呈零星分布(Molnar et al,1989),地壳介质中存在相向对冲,这可能是俯冲带的初期发展阶段(滕吉文 等,1980)。以南迦巴瓦峰为界,西侧地区地震较少,而东侧地区地震频发,可能与该地区底层的地幔动力学有关(Chen et al,2004;Peng et al,2016)。

§5.3　米林地震

2017年11月18日北京时间6时34分,西藏自治区林芝市米林县发生M_S 6.9地震(简称“米林地震”),地震发生在东构造结南迦巴瓦峰北侧,断裂发育,北为印度河—雅鲁藏布缝合带(IYSZ),南为南坳逆冲断裂带(DF1),西为东久—米林剪切带(DMSZ),东为阿尼桥—墨脱剪切带(AMSZ)的北部延伸。此次地震位于东构造结北部,进一步对此次地震开展深入研究,有助于理解东构造结地区的强震。

将地震波形数据与通过 InSAR 技术获取的米林地震同震形变场结合，联合反演确定震源参数及发震断层同震滑动分布，通过重力反演得到发震区域的三维密度结构。

5.3.1 震源联合反演

1. 数据获取

从由美国地震学联合研究会(Incorporated Research Institutions for Seismology,IRIS)数据中心提供的全球地震台网(global seismographic network, GSN)下载震中距在 30°～90°范围内信噪比较好且方位覆盖比较均匀的 34 个台站(图 5.2)的地震波形数据，即远场宽频带垂直向波形(P 波)数据，并通过 0.02～0.1 Hz 的带通滤波来弱化波形数据的长周期噪声以及三维复杂地球结构引起的短周期干扰信号。采用总长度为 50 s 的时间窗(P 波初动前 10 s,P 波初动后 40 s)截取经过上述预处理的 34 个台站的地震波形数据，用于后续震源破裂模型反演。基于全球一维速度模型 ak135(Kennett et al,1995)，采用反透射系数法来计算不同远场台站处对应的地震波传播路径效应(Wang,1999)，并对合成的理论格林函数同样进行了 0.02～0.1 Hz 的带通滤波。

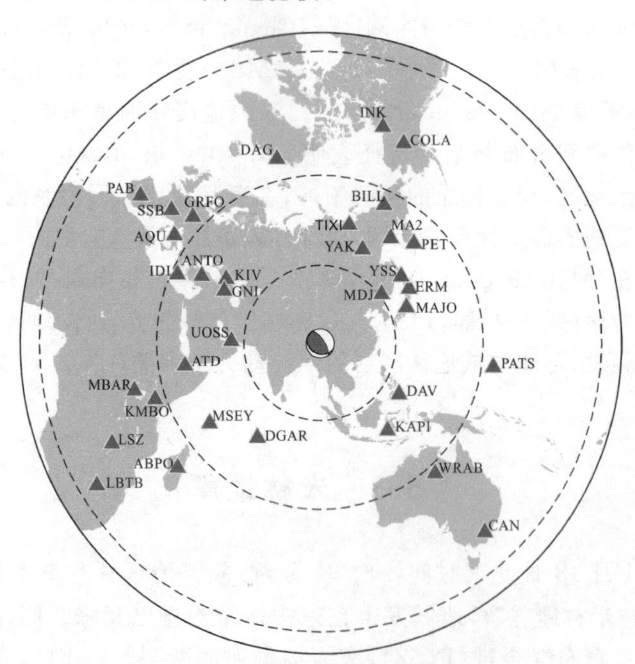

图 5.2 米林地震远场波形的台站分布

基于 InSAR 技术获取的同震形变场结果来源于哨兵一号(Sentinel-1)卫星合成孔径雷达(synthetic aperture radar,SAR)影像数据。获取到的 SAR 影像数据为干涉宽幅(interferometric wide swath,IWS)模式数据,由3个含若干猝发的子幅组成,幅宽为250 km。米林地震发生后,收集了覆盖此次地震的Sentinel-1卫星升轨和降轨SAR影像数据,干涉图信息如表5.1所示,以获取地震的同震地表形变场,对资料进行“二通”差分干涉处理,操作平台为瑞士GAMMA软件(Wegnüller et al,2016)。为保证方位向上的配准精度达到千分级像素,并消除相邻猝发间可能出现的相位跳跃(Scheiber et al,2000),在通过递进地形扫描方式进行的干涉处理中,采用考虑地形影响的重采样技术和顾及重叠猝发相位差的谱分离方法(Farr et al,2007)。利用欧洲空间局(European Space Agency,ESA)提供的精密定轨星历(precise orbit ephemerides,POD)数据和美国国家航空航天局(National Aeronautics and Space Administration,NASA)提供的90 m分辨率的全球数字高程模型SRTM(shuttle radar topography mission)数据来去除地形相位的影响。同时为了降低干涉相位的噪声水平、提高干涉图的信号质量,采用了基于能量谱的局部自适应滤波和枝切法,通过解缠得到了差分干涉相位(Goldstein et al,1988a,1988b)。同样基于全球一维速度模型ak135(Kennett et al,1995),利用Fortran程序的EDGRN/EDCMP计算了相同InSAR观测点的静态位移格林函数(Wang et al,2003)。

表5.1 米林地震SAR影像数据干涉图信息

序号	轨道模式	主影像获取日期	副影像获取日期	垂直基线/m	标准差/mm	入射角/(°)	方位角/(°)
IP1	T004D	2017-11-06	2017-11-18	9	5.8	41.7	−169.9
IP2	T070A	2017-11-11	2917-11-23	−34	4.9	37.0	−10.5

2. 联合反演

美国地质调查局(United States Geological Survey,USGS)发布的主震震源位置信息(29.833°N,94.978°E,8.0 km)表明,米林地震邻近东久—米林剪切带、印度河—雅鲁藏布缝合带和阿尼桥—墨脱剪切带(表5.2,图5.1)。全球矩心矩张量(global centroid moment tensor,GCMT)反演结果(走向为109°,倾角为29°)和InSAR数据显示的同震形变场表明,发震断层为南倾且错动,具有明显的走滑分量(表5.2)。本书构建了66 km×48 km的有限断层作为初始模型,用于震源破裂模型(时空过程)反演,对应的子断层网格尺寸为3 km×3 km。

本书采用的是基于地震波形数据和静态大地测量资料的有限断层破裂(时空过程)联合反演方法(Zhang et al,2012;张旭,2016;易磊,2017)。在反演过程中,为了稳定反演结果,采用时空光滑约束(Yagi et al,2004;Zhang et al,2012)用于最小化子断层震源时间函数相邻时刻间的差异和相邻子断层间同震滑动量的差异,并采用标量地震矩最小约束用于压制较弱的噪声信号对反演结果的影响(Hartzell et al,1983;Antolik et al,2003;Zhang et al,2012)。在反演过程中,需要预先给定最大破裂速度以及子断层最大上升时间(张旭,2016)。经过多次尝试,在反演过程中,给定的最大破裂速度为 3.0 km/s,子断层最大上升时间为 3 s。

表 5.2 米林地震震源机制解

序号	震级	震中		深度 /km	走向角 /(°)	倾角 /(°)	滑动角 /(°)	来源
		北纬/(°)	东经/(°)					
1	M_W 6.4	29.833	94.978	8.0	303	36	83	USGS
2	M_W 6.5	29.700	95.140	12.0	109	29	56	GCMT
3	M_S 6.9 M_W 6.5	29.750	95.020	10.0	127	39	92	CENC Zhang et al,2018
4	M_W 6.4	29.872	95.024	7.0	127	39	92	Bai et al,2017
5	M_W 6.6	29.835	94.909	9.0	101	14	58	IPGP

在用联合地震同震形变场与地震波形数据来反演此次米林地震震源破裂时空过程前,需要给定不同资料的相对权重值。在上述给定的最大破裂速度和子断层最大上升时间的约束条件下,对 InSAR 同震形变场数据相对于远场 P 波数据的权重值进行一维网格搜索,如图 5.3 所示。为了定量地描述反演结果的可靠性,用式(5.1)和式(5.2)定义方差降 (R_V) (Kim et al,2008;易磊,2017),用于评估反演结果对资料的解释程度。式(5.1)为

$$R_V^W = \left[1 - \sum_j \sum_i (d_j^W(t_i) - s_j^W(t_i))^2 / \sum_j \sum_i (d_j^W(t_i))^2\right] \times 100 \quad (5.1)$$

式中,R_V^W 表示远场P波数据对应的方差降,$d_j^W(t_i)$ 和 $s_j^W(t_i)$ 分别表示观测的远场 P 波数据和合成的远场 P 波数据。式(5.2)为

$$R_V^G = \left[1 - \sum_j (d_j^G - s_j^G)^2 / \sum_j (d_j^G)^2\right] \times 100 \quad (5.2)$$

式中,R_V^G 表示 InSAR 同震形变场数据对应的方差降,d_j^G 和 s_j^G 分别表示观测的 InSAR 同震形变场数据和合成的 InSAR 同震形变场数据。

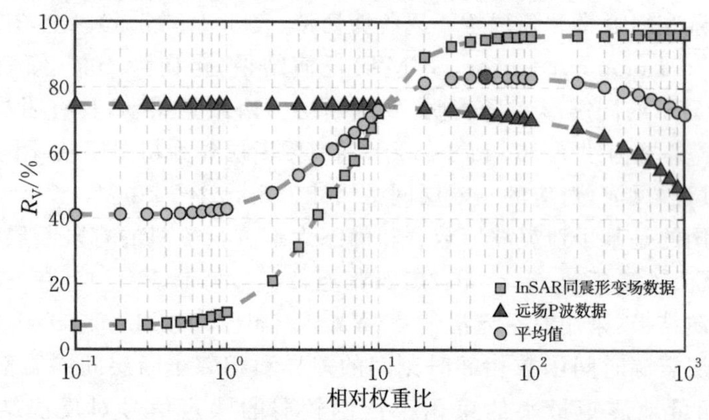

图 5.3 米林地震远场 P 波数据和 InSAR 同震形变场数据的相对权重比确定

根据在不同相对权重值情形下震源破裂模型对远场P波数据和InSAR同震形变场数据的平均解释程度，最终选取用于联合反演的InSAR同震形变场数据相对于远场P波数据的最佳权重值为50，如图5.3中红色圆圈所示。

3. 震源参数结果

如图5.4所示，联合反演结果表明，此次米林地震震源破裂持续时间约为18 s，整个破裂过程释放的总标量地震矩为 8.23×10^{18} N·m，相当于矩震级 M_W 6.5，最大同震滑动量约为0.83 m。图5.4(b)为同震位错分布，蓝色实线分别表示滑动量约为0.2 m、0.4 m、0.6 m和0.8 m的等值线。

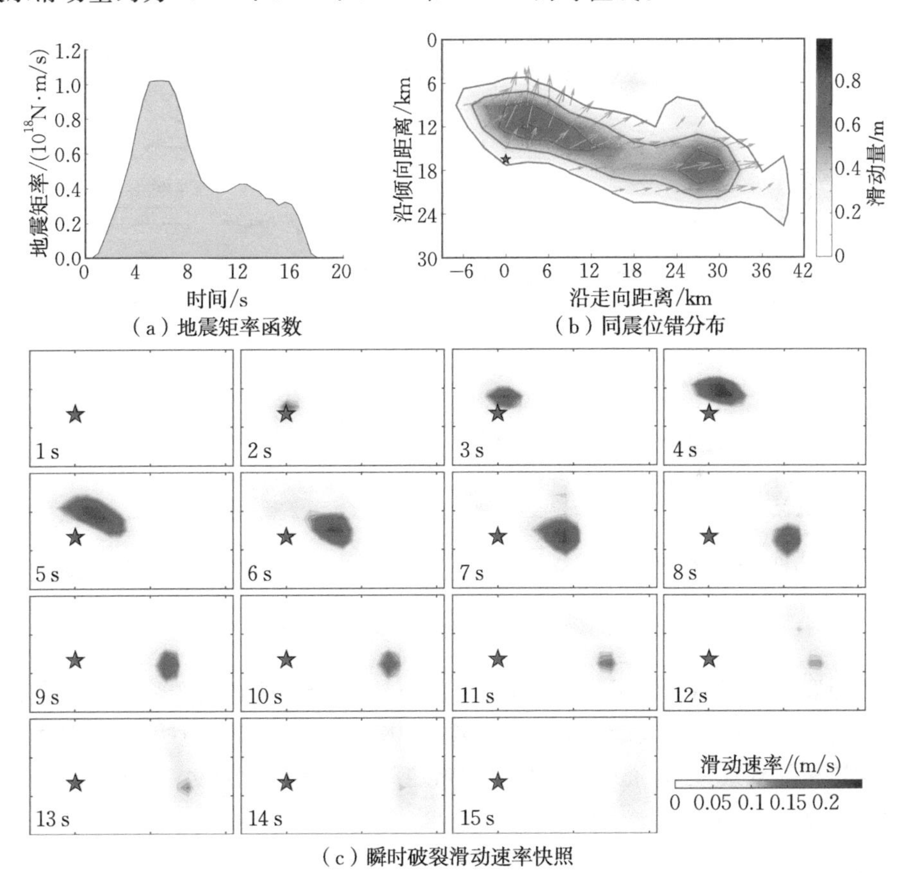

图5.4　基于地震波形数据和InSAR同震形变场数据的联合反演结果

基于联合反演得到的震源破裂模型，合成相应的远场P波数据，并与对应台站处的观测波形数据进行了对比。如图5.5(a)所示，合成波形与观测波形的平均相关系数为0.83。另外，基于联合反演模型合成InSAR同震形变场数据的视线(line of sight，LOS)位移，并与观测的视线位移进行比照，结果显示，联合反演模型对InSAR同震形变场数据的解释程度约为92.5%，如图5.5(b)至图5.5(d)

所示。

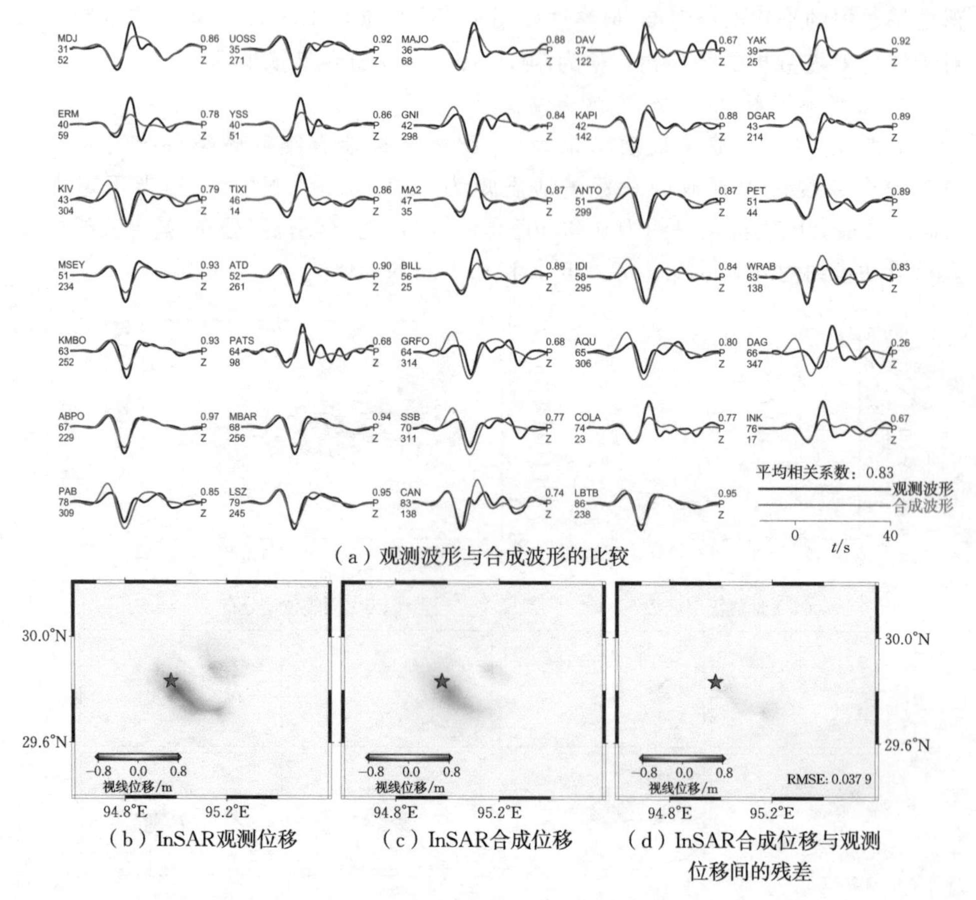

（a）观测波形与合成波形的比较

（b）InSAR观测位移　（c）InSAR合成位移　（d）InSAR合成位移与观测位移间的残差

图 5.5　联合反演结果对观测资料的解释

震源联合反演结果显示，发震断层面倾角达到 78°，存在高角度逆冲，因此米林地震的发震断层可能属于以南迦巴瓦峰为中心的高角度脆韧性正断层体系，但区域构造格局复杂，已有资料还不足以清晰地厘定米林地震的发震断层，有待进一步研究确定。

5.3.2　密度反演

1. 数据获取与处理

用于东构造结地区三维密度反演的重力数据主要由两部分组成：①EGM2008 由地球重力场模型计算得到的自由空气异常，精度优于 10.5 mGal（Pavlis　et al，2012；章传银　等，2009）及经过地形改正和中间层改正得到的区域布格异常；②雅鲁藏布江实测重力异常（Fu　et al，2017）。

利用最小二乘配置法(Hwang　et al,1995;Olesen　et al,2002;She　et al,2016),对数据进行融合,以获取更高精度的重力数据,如图 5.6(b)所示。以全球地壳模型 CRUST 1.0 提供的地壳分层模型为参考,结合最新的区域莫霍面精细结构(Fu　et al,2017)和地震波速度模型(Chen et al,2017),建立垂向分辨率约为 1.1 km、深度范围为 0～22 km 的三维密度网格单元模型。采用位场分离方法将重力异常分离,如图 5.6(c)所示,获取反映地下空间密度异常的剩余重力异常(图 5.7),将其作为密度反演的输入数据(Li　et al,2018a)。具体重力数据处理与反演方法参见第 2 章内容。

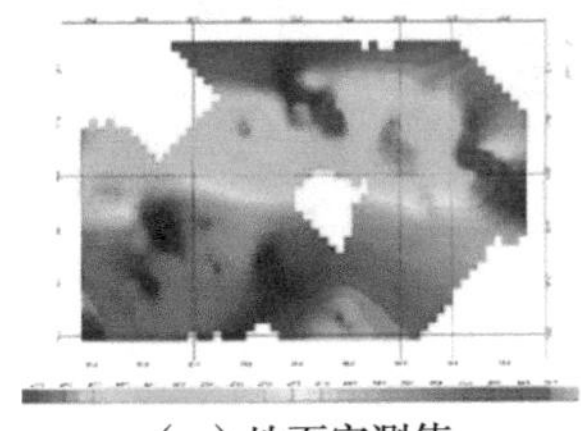

(a) 地面实测值

(b) 融合场

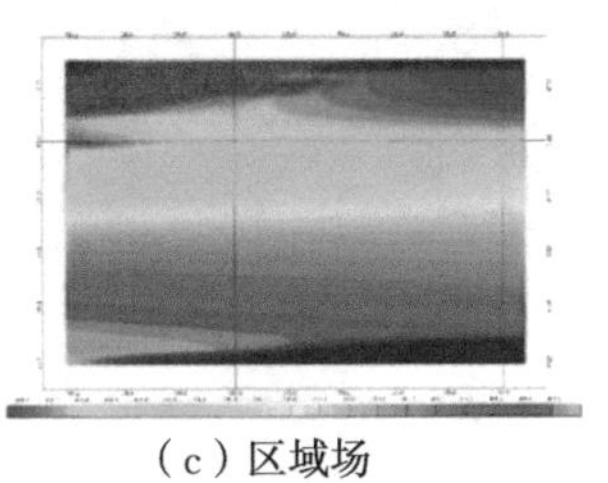

(c) 区域场

图 5.6　东构造结地区的重力场

2. 密度反演结果

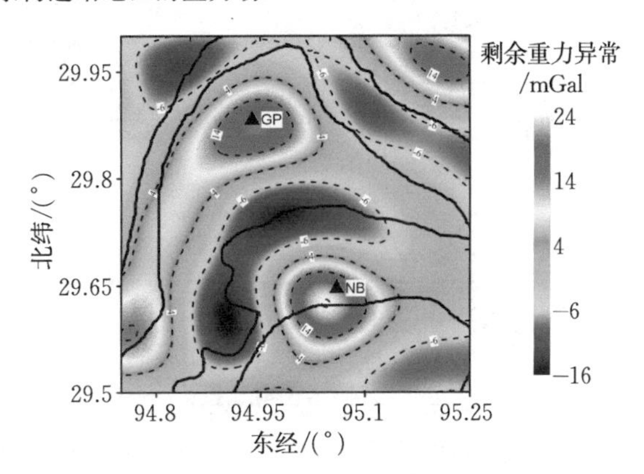

图 5.7　东构造结地区的剩余重力异常

利用区域剩余重力异常进行三维反演,获取的密度异常结构如图 5.8 所示,其中,IYSZ 表示印度河—雅鲁藏布缝合带,DMFZ 表示东久—米林剪切带,AMSZ 表示阿尼桥—墨脱剪切带,DF1 表示南坳逆冲断裂带,DF2 表示多雄拉逆冲断裂带,NB 表示南迦巴瓦峰,GP 表示加拉白垒峰。分析密度结果[图 5.8(a)、图 5.8(b)、图 5.8(d)]发现,在震中南东东侧深度约 3～12 km 处,存在均值约为 0.015 g/cm^3 的高密度异常区域,其物质分布较单一,可能利于应力释放。震源破裂时空过程(图 5.4)结果表明,地震的最大错动量约为 0.7 m,可能对应于阿尼桥—墨脱剪切带(AMSZ)左侧高密度异常区域[图 5.8(d),95.1°E 处],滑动分布主要集中于震中东部,位于 5～15 km 深度范围,破裂沿断层走向朝南东东向扩展近 40 km,与上述密度异常区域相符[图 5.8(a)和图 5.8(b),29.75°N 处]。

同时发现震源分布在高、低密度异常的交界处,相对靠近密度异常变化最剧烈的位置,这可能是由于局部地区受地块挤压作用而形成物质堆积、应力积累。结合区域地质构造背景(Ding　et al,2001;Xu　et al,2012,2015;Peng　et al,2016;Chen et al,2017;Lin et al,2017),判断高密度物质是由地下热物质上涌形成的。在局部地区受地块长期挤压形变的过程中,在密度异常变化梯度较大的位置发生破碎,最终引发地震。因此密度反演结果,也可以用于半定量地分析、解释震源与地下空间密度异常变化的关系。

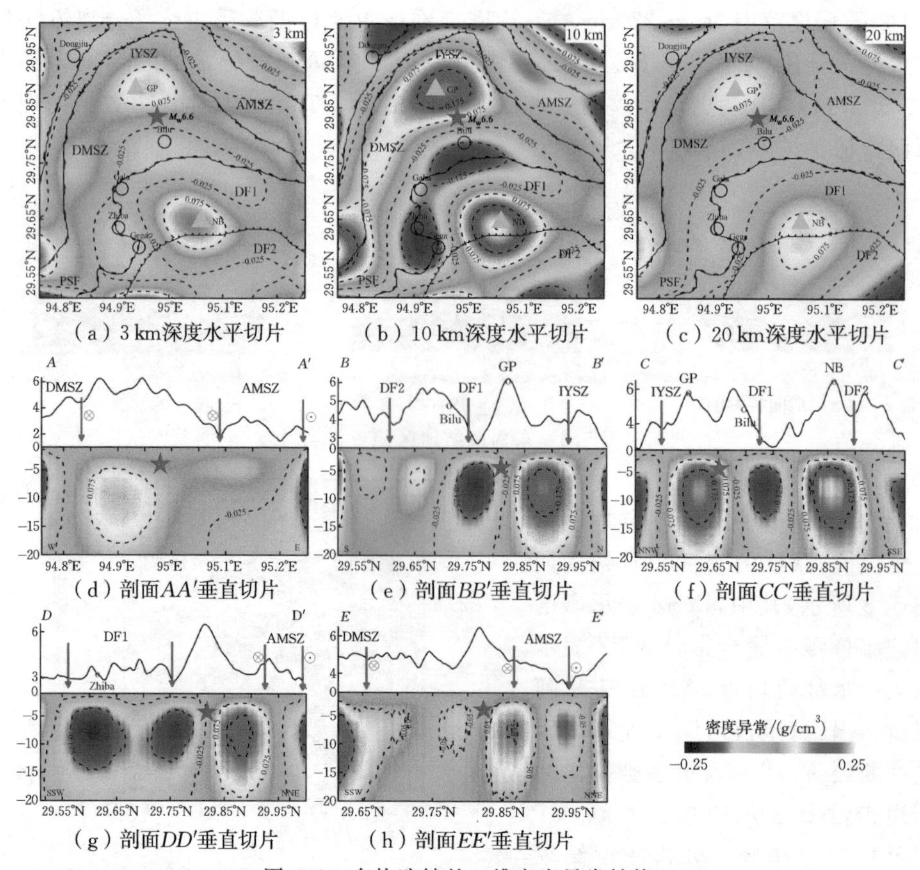

(a) 3 km深度水平切片　(b) 10 km深度水平切片　(c) 20 km深度水平切片

(d) 剖面AA′垂直切片　(e) 剖面BB′垂直切片　(f) 剖面CC′垂直切片

(g) 剖面DD′垂直切片　(h) 剖面EE′垂直切片

图 5.8　东构造结的三维密度异常结构

§5.4　东构造结孕震环境讨论

以往对东构造结的研究主要集中在深部结构、地壳形变、运动机制、地震活动等方面,并相继提出了一些演化模型,如压头角(Koons,1995)、地壳折叠(Burg et al,1998,2008)、双向挤出(Ding et al,2001)、管道流(Jamieson et al,2004)、构造瘤(Zeitler et al,2001,2014;Koons et al,2002,2013)、三维俯冲(Bendick et al,2014)和挤压扩充(Dong et al,2016a;Yang et al,2018)等。这些模型都提供了一定的动力学过程来解释东构造结的构造格局和形成机制。

受印度板块与拉萨块体的持续汇聚的影响,在喜马拉雅大多数地区形成了“南向挤出”构造:北部为正断层,南部为逆冲断层,使形成于青藏高原南缘深部地壳的变质岩不断向南折返,并最终露出地表,导致该区域物性分布复杂多样。Fu 等(2010)采用面波成像方法进行研究,认为东构造结地区的中地壳存在低速层,可能与高地温梯度或部分熔融有关;Peng 等(2016)采用 P 波层析成像方法,发现在南迦巴瓦峰东西两侧,印度板块俯冲角由大变小,壳内呈现大面积的低速异常,可能存在低速地壳流。大地电磁测深(Dong et al,2014,2015,2016b;Lin et al,2017)的结果也指出,南迦巴瓦峰区域上中地壳 5～30 km 深度处,电阻率大于 800 Ω·m,呈高异常分布;在 20～40 km 深度处,东构造结西边界有明显的北东—北北东向的高低电阻率条带,即北东—北北东向的逆冲断裂构造明显,存在异常物质纯挤压的可能性(Lin et al,2017)。从密度反演的结果[图 5.8(a)、图 5.8(b)、图 5.8(c)]可以看出,在 10 km 左右深度处[图 5.8(b)],南迦巴瓦峰北端区域的东久—米林剪切带(DMSZ)、阿尼桥—墨脱剪切带(AMSZ)、南坳逆冲断裂带(DF1)和多雄拉逆冲断裂带(DF2)的局部地区均出现密度异常梯度带,物质分布存在明显的横向异性,南迦巴瓦峰和加拉白垒峰附近存在的高密度异常,可能是由热物质上涌、填充该区域导致局部密度增加形成的。

对于作为东构造结西边界的东久—米林剪切带(DMSZ),分析其高压麻粒岩的性质发现:由于存在部分熔融作用和岩化作用,南迦巴瓦峰西侧的东久—米林剪切带(DMSZ)和派走滑断裂带(PSF)区域地壳呈薄脆性(Ding et al,2001;Geng et al,2006);该区域泊松比在 0.29 以上,可能存在部分熔融(Peng et al,2016)。密度异常剖面图[图 5.8(g)、图 5.8(h)]显示,在东久—米林剪切带(DMSZ)中段(29.55°N)和派镇附近,在 5～20 km 深度处存在的高密度异常反映了壳幔的部分熔融物质可能已上升至该区域。

北东边界的阿尼桥—墨脱剪切带(AMSZ)正好处在泊松比变化梯度带(南低北高)上,是地震多发区域(Chen et al,2017);但其各段也有差异性,在强烈的右旋走滑基础上表现出自南向北、从拉张向逆冲的过渡(Dong et al,2014,2015,2016a)。热年代学证据也表明,南迦巴瓦峰的持续隆升和雅鲁藏布大峡谷区域的侵蚀演化,使南迦巴瓦峰北端地区呈北西—南东向的扩张形态(Seward et al,2008;康文君 等,2016;Yang et al,2018)。分析密度异常结构[图 5.8(d)至图 5.8(h)]发现,在印度河—雅鲁藏布缝合带(IYSZ)和阿尼桥—墨脱剪切带(AMSZ)存在与断裂走向一致的密度异常梯度带,呈现的低密度异常可能是由块体拉张所致。

综合密度反演结果、地质与地球物理资料,发现在南迦巴瓦峰及邻区上中地壳 5～20 km 深度处可能存在高密度、低波速、高电阻率的物质层,导致上下地壳发生一定程度的解耦,形成上下地壳间的滑脱构造,下地壳较软弱的热物质在上涌过程中受阻、汇聚,最终造成南迦巴瓦峰隆升剧烈。同时,该深度高密度、低波速、高电阻率物质的存在也有利于应力在其上方的脆性地壳内集中,这可能是南迦巴瓦峰及附近发生强烈地震的介质条件。

此外，相关研究（Burg et al，1998；Gupta et al，2015）指出，东构造结的应力场以北东—北北东向近水平挤压为主，易发生走滑、逆冲和走滑逆冲型的断层活动。地震各向异性的研究（Lev et al，2006；Sol et al，2007；Wang et al，2008；Peng et al，2016）提到，南迦巴瓦峰可能是构造应力场的横向过渡带，其深部动力学机制存在巨大的变化。根据构造瘤模型，南迦巴瓦峰的快速隆升和雅鲁藏布大峡谷的侵蚀形变（Huang et al，2015；Zeitler et al，2015；King et al，2016），使南迦巴瓦峰与加拉白垒峰之间的山谷发生局部形变和脆性破坏，在不改变远场构造应力的情况下，热变和形变的局部化（Seward et al，2008；康文君 等，2016；Yang et al，2018）使区域应变率增加；同时受印度板块北东向的楔入作用的影响，南迦巴瓦峰地区可能存在东南向的偏移，发生顺时针向形变（Ding et al，2001；Gupta et al，2015；Zheng et al，2017；Yang et al，2018；Haproff et al，2018）。南迦巴瓦峰地区隆升、水平滑动和新生代岩浆上涌活动明显，加速了构造应力的积累，当达到介质强度极限时会发生破裂，因此，米林地震可能是南迦巴瓦峰北端局部应力应变调整的产物。

地震活动研究表明，南迦巴瓦峰地区地震活动较弱，其东南侧区域地震活动频繁，中等以上地震的发震深度为 5～15 km，主要位于拉萨块体（印度河—雅鲁藏布缝合带）上地壳，为地震多发层（Molnar et al，1989；Priestley et al，2008；Chen et al，2017；Yang et al，2018）。而东构造结西边界的东久—米林剪切带（DMSZ）又处于密度异常梯度带上，局部的高密度、低波速、高电阻率等物质特征会促使区域应力相对集中，且该区域历史地震频度较低，因此东久—米林剪切带北东端的地震活动趋势和地震危险性评估仍值得进一步关注和研究。

最终发现，米林地震发生在东构造结南迦巴瓦峰北侧，区域构造复杂，无法清晰地厘定发震断层。地震的发生会对周边构造断层产生影响，因此，南迦巴瓦峰西边界地区往后的地震活动趋势和地震危险性值得关注。同时，由重力异常数据反演得到的三维密度异常结构，为研究东构造结地区的地壳构造及与周边构造单元之间的关系提供了有益的资料。相比地质和地球物理资料提供的物性分布特征，由重力反演获得的密度异常结构更加清晰地反映了区域构造信息。密度变化显示，在东构造结区域内，存在明显的物质挤压、拉张及形变的构造特征，密度异常的展布方向与构造走向也密切相关。其中，米林地震位于高密度、低波速、高电阻率层位，是在东构造结受侵蚀效应的顺时针演化与南迦巴瓦峰快速隆升、逆冲运动的共同作用下，由局部应力应变发生变化形成的。因此，三维密度异常结构也为探析喜马拉雅东构造结地区的孕震环境提供了重要的参考。

第6章　青藏高原东缘地区时变重力解译

§6.1　引　言

重力场反映地下介质密度的变化、构造活动及质量迁移等物理过程，包括空间变化和时间变化（图6.1）。地表重力变化主要是由地表观测点的位置变化、地表整体形变运动以及地下物质运移的综合效应引起的，包含了丰富的地震与构造运动信息。因此，本章重点对青藏高原东缘地区的时变重力进行解译，确定时变重力信号中的各种效应，并对剩余异常进行四维密度成像，以及结合流变学理论，探析青藏高原东缘的构造运动。

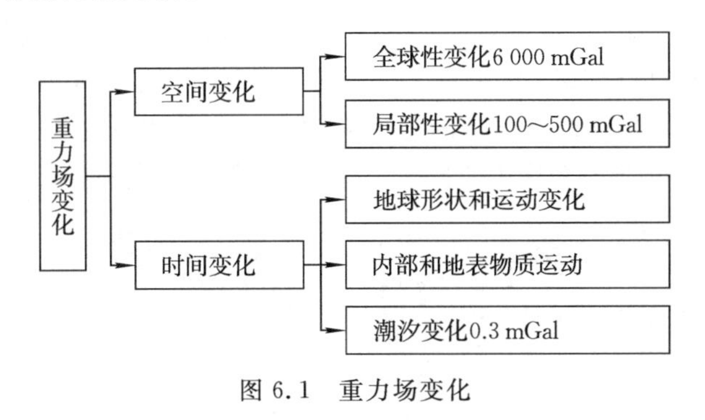

图6.1　重力场变化

§6.2　青藏高原东缘地质构造

青藏高原东缘是我国地壳活动最强烈的地区之一，历来都是地学研究的热点区域，其构造单元可参考Yan等(2018)的介绍。青藏高原东缘可划分为两个主要的构造单元：①青藏高原最东端、四川盆地褶皱带的简单构造体；②复杂的龙门山构造异常体，从西到东包括青藏高原东北部、四川盆地和川东褶皱带。典型的龙门山断裂带沿着青藏高原东缘，从东北向西南延伸800 km。该局部区域也可以划分出6个构造单元，分别为秦岭造山带、碧口块体、松潘—甘孜块体、义敦岛弧、扬子块体和龙门山构造复合带。区域内也包括许多缝合带和活动断层，且内部特征不一（Wang　et al，2018；Yan　et al，2018）。地质资料（Deng　et al，1995；Burchfiel　et al，1995；Yan　et al，2018）显示，龙门山构造复合带、川西前陆盆地、龙泉山构造带和岷山隆升带都开始于三叠纪晚期，并从西北向东南传播。

地球物理资料也表明，龙门山构造复合带与重磁异常梯度带相重合（Yan et al,2018）。在西北和东南方向上，速度结构和地壳厚度是不同的。在龙门山以西 20 km 深度处，有一个低速高导层。因此，龙门山可能是由一系列铲状推力形成的，而东面的华南块体的地壳则更厚。南、中龙门山的断层和岷山隆升明显控制着该地区的地震活动。从图 3.9 中可以看出，青藏高原东缘地区的主压力轴为北西西向，说明龙门山可能是由西北的松潘—甘孜块体的北西—南东定向压缩造成的。从始新世到现在，印度板块和欧亚板块的碰撞导致四川西部板块的东南运动，这一运动在龙门山构造复合带上产生了持续的压缩，导致龙门山构造复合带北中部和南部的第四纪活动强于北部地区。

§6.3　时变重力建模

6.3.1　重力时变特征

为了有效地监测重力场非潮汐变化与区域构造活动及地震活动的关系，中国地震局地震预测研究所用 LCR-G 型重力仪对四川地区进行了每年两期的流动重力观测。监测网跨越了青藏高原东缘的主要断裂带。本书使用的 2010—2014 年间的 9 期重力资料由中国地震台网中心提供。地震重力测站的空间分布如图 6.2 所示。

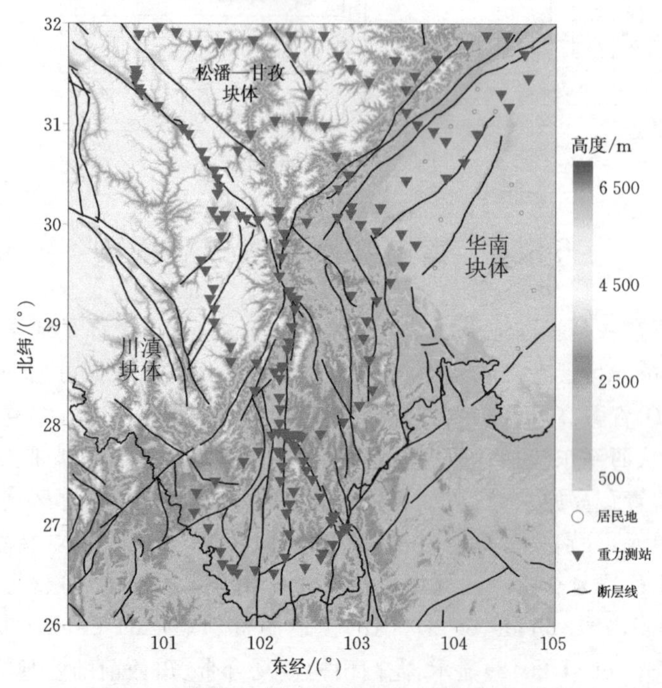

图 6.2　青藏高原东缘的地震重力测站空间分布

采用统一起算基准的整体拟稳平差计算方法，提取可靠重力变化信息，用最小二乘配置法对重力观测数据进行拟合推估和滤波，进一步消除粗差和浅表因素的影响，突出显示构造因素的重力效应(Chen et al，2018b)。各期重力观测资料及进行整体平差计算后点位重力值的平均精度见表 6.1。

表 6.1　重力观测资料重力值平均精度　　单位：μGal

时间	201008	201103	201109	201203	201209	201304	201310	201403	201409	各期平均
重力值	10.0	8.5	7.8	8.2	7.8	6.5	7.7	9.6	10.6	9.9

注：201008 表示 2010 年 8 月，其余类同。

获取区域重力场年尺度的重力变化情况(图 6.3)，并对变化图像作边界分析，采用归一化标准偏差法增强重力场变化中的细节(Cooper et al，2008)，如图 6.4 所示。其中，蓝色表示正变化，红色表示负变化，黄色表示零值，图中等值线数字的单位为 μGal。可以看出：

(1)整个区域重力场在 2010—2014 年间处于动态变化过程，各期的重力变化等值线形态差异较大，且变化极其复杂，有增加、减少、迁移、反转、扭曲等多种现象。

(2)通过边界分析获取的重力变化较清晰地呈现出重力变化由强转弱再转强直至平衡的过程，重力年变化量从开始的－30～100 μGal，逐渐减少至－130～30 μGal，再增加到－50～80 μGal。

(3)2013—2014 年这一期重力变化较平缓，为－20～40 μGal。

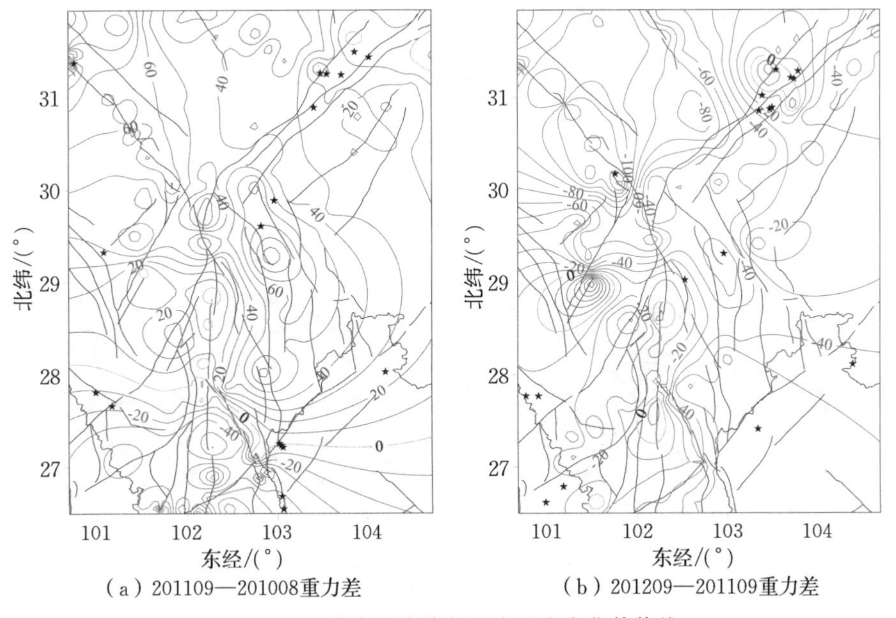

图 6.3　青藏高原东缘年尺度重力变化等值线

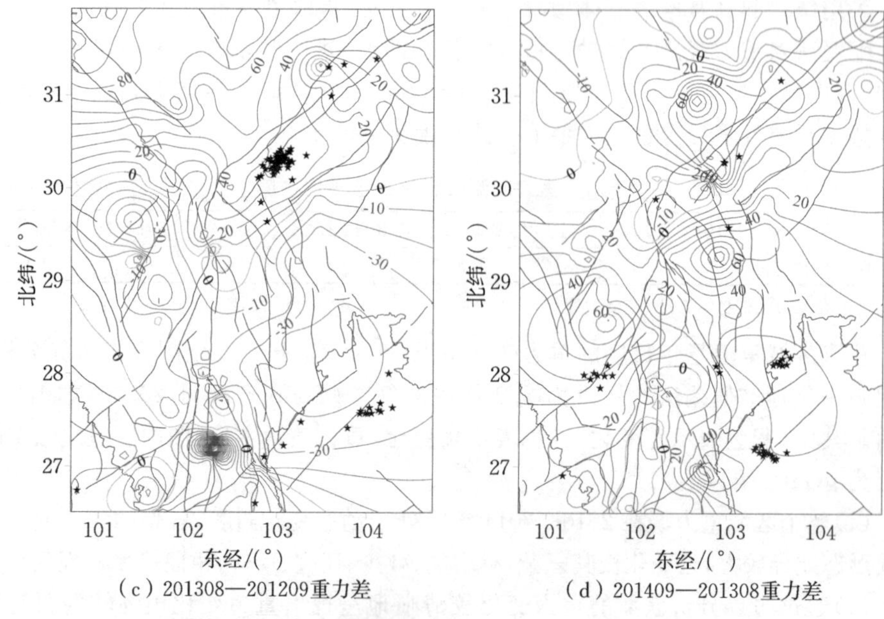

（c）201308—201209重力差　　（d）201409—201308重力差

图 6.3(续)　青藏高原东缘年尺度重力变化等值线

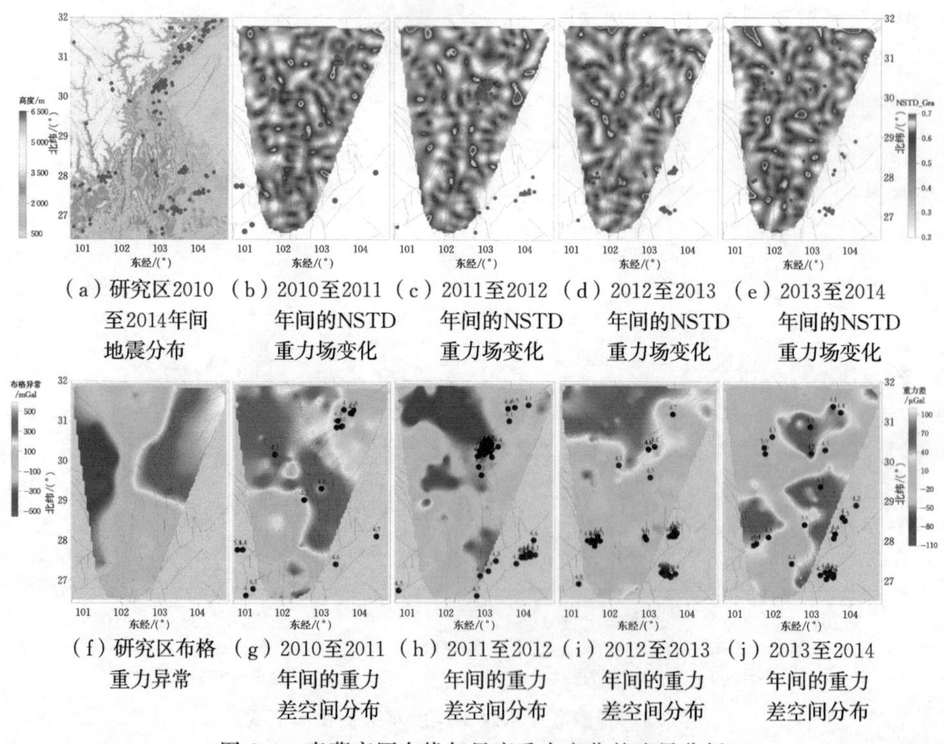

（a）研究区2010至2014年间地震分布　（b）2010至2011年间的NSTD重力场变化　（c）2011至2012年间的NSTD重力场变化　（d）2012至2013年间的NSTD重力场变化　（e）2013至2014年间的NSTD重力场变化

（f）研究区布格重力异常　（g）2010至2011年间的重力差空间分布　（h）2011至2012年间的重力差空间分布　（i）2012至2013年间的重力差空间分布　（j）2013至2014年间的重力差空间分布

图 6.4　青藏高原东缘年尺度重力变化的边界分析

6.3.2 影响因素与改正

1. 水文效应

地下水的变化对重力观测具有较大影响。水文动力学原理指出:承压水位只反映压力传递过程,一般不会反映重力点位附近的水体质量变化,所以承压水位变化一般不会影响区域重力场;而潜水水位(地下水)则直接反映水体质量变化且靠近重力点位,因而它对区域重力场有明显影响。采用无限平板水层逼近地下水模型。

若水位从 h_1 变化到 h_2,水层半径为 1 000 m,则地下水位变化引起的测点重力变化 Δg_w(Jacob et al,2009,2010)为

$$\Delta g_w = 2\pi G P_e \Delta h_w = 42 P_e \Delta h_w \tag{6.1}$$

式中,G 为地球引力常数;P_e 为湿岩石与干岩石的密度差,即岩石孔隙度;Δh_w 为水位变化高度,$\Delta h_w = h_2 - h_1$。

重力恢复和气候实验(Gravity Recovery and Climate Experiment,GRACE)卫星的计算结果包括季节、周期性和噪声等信息。为了研究等效水高(equivalent water high,EWH)变化率,分析年、半年周期项,将等效水高(Steffen et al,2009)表示为

$$EWH(\varphi,\lambda,\Delta t) = A + B\Delta t + \sum_{i=1}^{2} C_i \cos(\omega_i \Delta t) + D_i \sin(\omega_i \Delta t) + \varepsilon \tag{6.2}$$

式中,φ 为地心余纬,λ 为地心经度,Δt 为相对于 2010 年 8 月的时间差,A 为常数项,B 为年变化率,系数 i 分别表示年周期项($i=1$)和半年周期项($i=2$),C_i 和 D_i 表示振幅,ω_i 为指定时期,ε 描述噪声和未建模的影响。

本节采用美国得克萨斯大学空间研究中心(Center for Space Research,CSR)提供的 2010 年 1 月(201001)至 2014 年 12 月(201412)共 50 个月(缺失数据为 201101、201106、201205、201210、201303、201308、201309、201402、201407、201412)的 GRACE Level-2 数据产品,该数据已将非潮汐大气和高频海洋信号以及各种潮汐的影响扣除。先对地球重力场模型[卫星激光测距(satellite laser ranging,SLR)获得的 C20 项替代 GRACE 数据的 C20 项]的球谐系数求平均值,然后将 50 个月的球谐系数减去平均值,得到球谐系数的变化(C_{nm},S_{nm}),即时变重力场。另外,对 60 阶次的 GRACE 时变重力场采用 Fan 去相关滤波以及平均半径为 300 km 的高斯平滑进行处理。

利用 2010—2014 年的重力场模型,求出相应时间的地下水位变化值。模型的最大阶为 120,高斯平滑半径为 350 km,分辨率为 2.5°×2.5°,计算得到等效水高变化率,如图 6.5 所示。

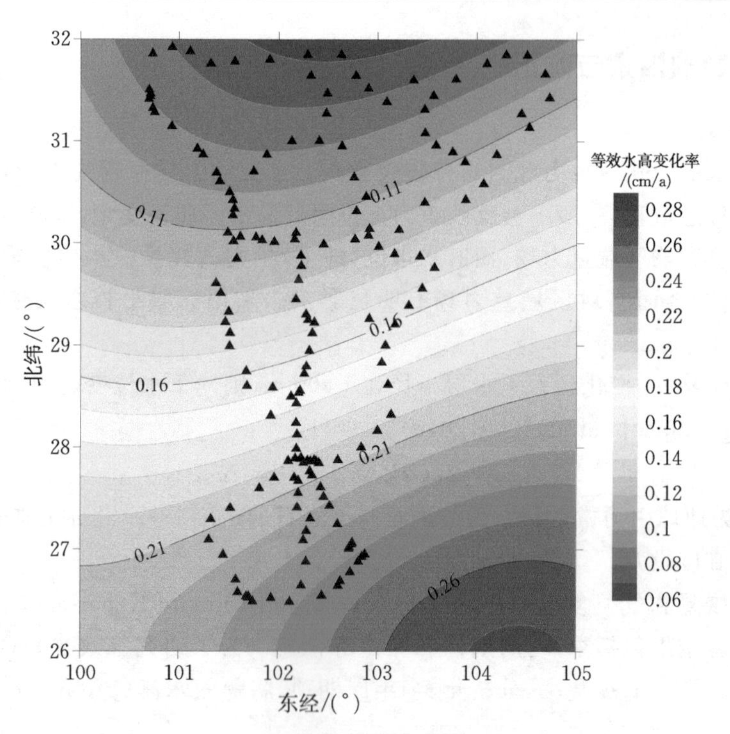

图 6.5　由 GRACE 数据计算得到的等效水高变化率

2. 形变效应

研究区域具有明显的地壳垂向形变特征，本书收集了青藏高原东缘地区的垂向形变数据，见表 6.2。

表 6.2　垂向形变数据信息

序号	数据类型	区域	时期	来源
1	66 个 CGPS 点	青藏高原东南缘	1999—2016	Pan et al,2017
2	40 个 GPS 点	四川、云南	2010—2014	Yue et al,2018
3	67 个 CGPS 点	青藏高原	2010—2013	Liang et al,2013
4	227 个 GPS 点	四川盆地	2008—2015	Xu et al,2016
5	38 个 CGPS 点	青藏高原东南缘	2002—2016	Hao et al,2016a
6	水准数据	鄂尔多斯块体	1970—2014	Hao et al,2016b
7	水准数据	青藏高原东缘	1970—2012	Hao et al,2014

利用多面函数拟合得到地壳垂直运动速率 V 的解析表达式，即

$$\left.\begin{aligned} V &= f(x,y) = \sum_{i=1}^{n} a_i Q(x,y,x_i,y_i) \\ Q(x,y,x_i,y_i) &= ((x-x_i)^2 + (y-y_i)^2 + \delta^2)^{\frac{1}{2}} \end{aligned}\right\} \tag{6.3}$$

地表任意一点 $i(x_i, y_i)$ 在两个坐标轴方向上的导数，为该点地壳垂直运动速率在两个坐标轴方向上的梯度分量。地壳垂直运动速率梯度为 $G = g_{xi} + g_{yi}$，即

$$\left.\begin{aligned} g_{xi} &= \frac{\partial V}{\partial x} = \sum_{i=1}^{n} a_i \cdot \frac{\partial Q(x, y, x_i, y_i)}{\partial x} = \sum_{i=1}^{n} a_i \cdot \frac{x - x_i}{Q(x, y, x_i, y_i)} \\ g_{yi} &= \frac{\partial V}{\partial y} = \sum_{i=1}^{n} a_i \cdot \frac{\partial Q(x, y, x_i, y_i)}{\partial y} = \sum_{i=1}^{n} a_i \cdot \frac{y - y_i}{Q(x, y, x_i, y_i)} \end{aligned}\right\} \tag{6.4}$$

从垂直运动速率可以看出(图6.6)：西北部的隆升速率高于东南部，四川盆地相对稳定，云南西南部下沉；鲜水河断裂带东南段的贡嘎山地区隆升速率为5～6 mm/a，在整个测区隆升最明显且速率最大；西昌地区的垂直运动速率不明显，约0～2 mm/a。

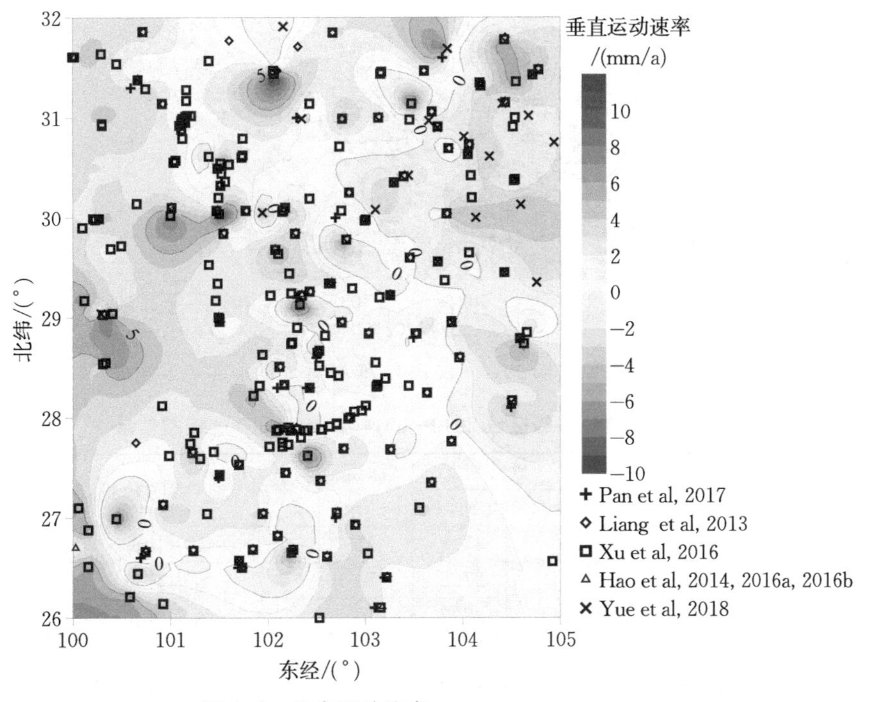

图6.6　垂直运动速率

3. 同震效应

图6.7为青藏高原东缘1976—2016年间 $M \geqslant 3$ 的地震主震分布。从地震活动上看，该地区属于构造板块边界，处于南北地震带，历史强震多发。从中国地震台网中心获取了研究区域时空范围内发生的12次地震事件目录，如表6.3所示。

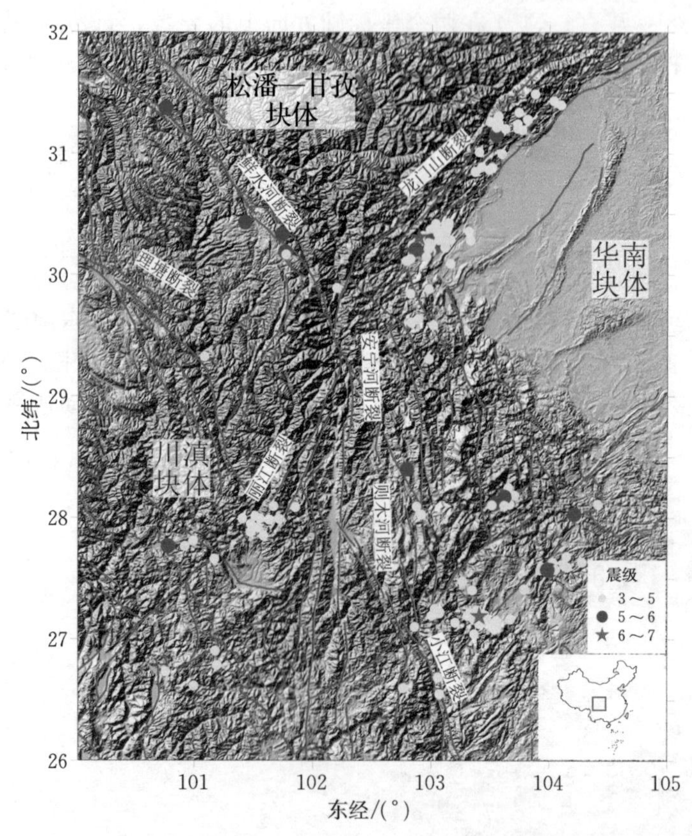

图 6.7 青藏高原东缘 1976—2016 年间 $M \geqslant 3$ 的地震主震分布

表 6.3 青藏高原东缘区域 2010—2014 年 $M_S > 5.0$ 的地震信息

序号	发震日期	地点		深度/km	震级	参考位置
		东经/(°)	北纬/(°)			
1	2012-06-24	100.7	27.7	11	5.7	云南盐源
2	2012-09-07	104	27.5	14	5.7	云南彝良
3	2012-09-07	104	27.6	10	5.4	云南彝良
4	2013-04-20	103	30.3	12	7.0	四川芦山
5	2013-04-20	102.9	30.3	10	5.1	四川芦山宝兴
6	2013-04-20	102.9	30.1	11	5.3	四川天全芦山
7	2014-04-05	103.59	28.13	13	5.3	云南永善
8	2014-08-03	103.30	27.10	12	6.5	云南鲁甸
9	2014-08-17	103.5	28.1	7	5	云南永善
10	2014-10-01	102.76	28.37	15	5	四川越西
11	2014-11-22	101.69	30.26	18	6.3	四川康定
12	2014-11-25	101.73	30.18	16	5.8	四川康定

2013 年 4 月 20 日，在四川芦山发生 M_S 7.0 地震，为逆冲型地震。利用 GPS 和地震波数据反演得到的震源机制解作为参数(Li et al,2017)，通过正演得到芦山地震的同震重力变化(图 6.8)，用以分析同震对时变重力的效应。

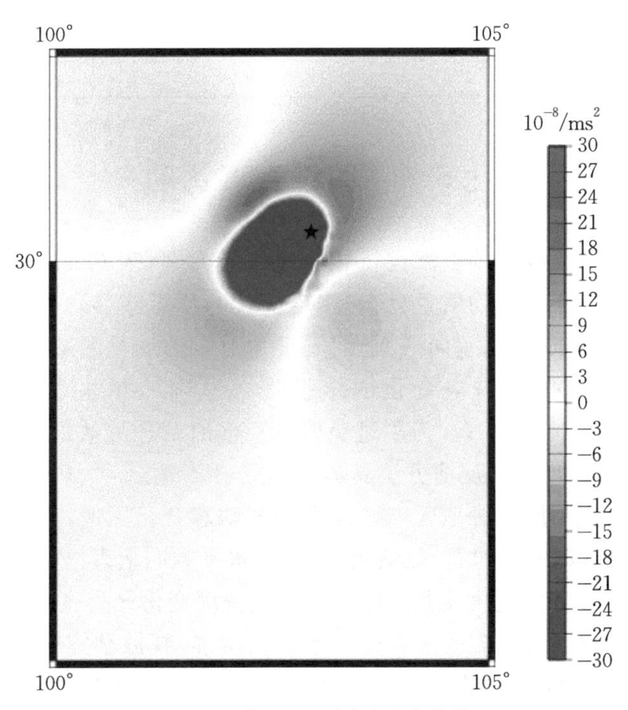

图 6.8　芦山地震同震重力变化

4. *效应分析*

区域重力变化受以下因素影响：大气压、地下水、土壤水、垂向形变、同震重力、地下物质重分布(密度变化与质量迁移)等。如表 6.4 所示，地下水，即区域等效水高变化在 5 cm/a 以内，造成的重力变化在 2 μGal 以内，而季节性的水文变化对局部重力的影响在 15 μGal 以内，不会影响重力的区域性变化(Zhu et al,2010;Zhou et al,2016)；区域垂向形变在 5.8 mm 范围内，其造成的重力变化在 1.1 μGal 以内；同震重力效应为 30 μGal；大气压和土壤水对重力变化的影响甚微。诸多效应的总和为 34.84 μGal，而观测到的重力变化范围是−150～150 μGal，因此，该区域的重力变化主要受益于地下物质重分布(密度变化与质量迁移)。

表 6.4　青藏高原东缘区域时变重力影响因素分析

变量因子	模型	极大值	重力变化/μGal
大气压强 P	0.3 μGal P/MPa	3 MPa	0.9
地下水高度 Δh_1	$2\pi G\rho\,\Delta h_1$/(cm/a)	5 cm/a	2
土壤水高度 Δh_2	0.42 μGal Δh_2/mm	2 mm	0.84

续表

变量因子	模型	极大值	重力变化/μGal
垂向形变高度 Δh_3	0.19 μGal Δh_3/mm	5.8 mm	1.1
同震重力	—	—	30
总计	—	—	34.84
实际观测	—	—	150

§6.4 四维密度扰动

通过对引起重力变化的因素进行相关性统计发现(表 6.4),实际观测到的重力变化值主要受控于地下物质重分布(密度变化与质量迁移)。因此,本书在扣除了大气压、地下水、土壤水、垂向形变、同震重力对重力变化的影响后,将质量迁移引起的重力变化以密度时空变化的结果进行呈现。重力测网的覆盖范围是100°E ～105°E、26°N～32°N。为了避免密度反演时的边界效应,将范围向内缩小0.5°,进行四维密度反演。反演方法具体可参见第 2 章。

图 6.9 为青藏高原东缘地区四维地壳密度动态变化图像,其中地壳密度变化在深度 0～20 km(即中上地壳)处最为显著,在水平方向上以巴颜喀拉块体和川滇块体北部地区的负密度变化及龙门山地区的正密度变化最为显著。地壳物质密度差分变化结果可能表示强震的发生使区域密度增加,释放孕震时所积累的物质或许会延缓巴颜喀拉块体向东南方向持续扩展。重力反演结果显示,上地壳 0～10 km 深度处存在显著的低密度异常区,与之对应的区域也存在低速异常(雷建设等,2009),且地震集中分布在上地壳。通过对比 1995 年日本神户地震(Zhao et al,1996,1999)、2001 年印度古吉拉特邦地震(Mishra et al,2003)的研究结果,可以认为青藏高原东缘地区上地壳存在的低密度可能与地壳的高度破碎及断层或微裂隙中的流体有关,区域内断裂的强度降低可能源自于超压流体的存在,进而使断层的活动与破裂更明显,上述原因也可能是芦山地震的诱发因素。

地震前应力场的变化使岩石产生形变。如果岩层被挤压,岩层的孔隙水压力增大,水流由含水层向地表移动。因此,地层中孔隙水压力的提高也会成为地震触发的控制力。流变学研究也指出,水的存在可以显著地加强岩石的形变,从而对其流变性质产生明显影响。况且岩石圈的流变性在纵向和横向上都具有不均一性(Kohlstedt et al,1995),青藏高原东缘的流变强度也可能是各向异性的(Gong et al,2018)。地质学也证明了青藏高原东缘大型走滑断层下沉积物中存在异常高的孔隙流体压力(李海兵 等,2018;许志琴 等,2018),这必然导致滑层间摩擦力降低,同时很强的浮力效应发挥作用,最终可能导致岩层剪切应力趋于零,易发生滑动。结合青藏高原东缘地区的地震活动重力异常和密度变化信息,可以看出,青藏

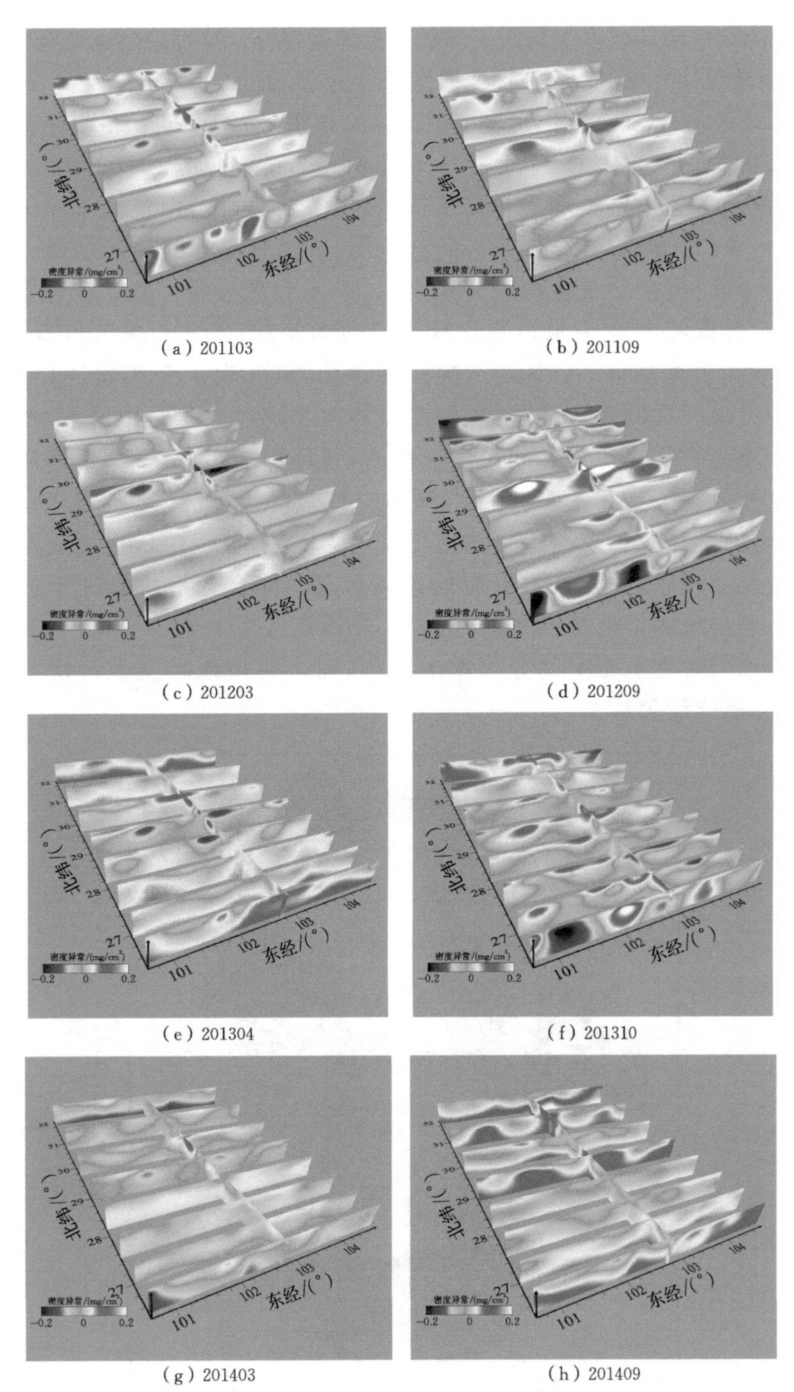

(a) 201103　(b) 201109

(c) 201203　(d) 201209

(e) 201304　(f) 201310

(g) 201403　(h) 201409

图 6.9　青藏高原东缘地区四维地壳密度动态变化图像

(相对 201008 测期,不同测期的密度异常信息)

高原东缘的构造活动基本上局限于脆性的上地壳部分。这种现象也符合大陆岩石圈的“三明治”(Jelly sandwich)流变模型(Burov et al,2006)。

对于该区域现今的演化机制,地震学的地震波波向研究结果对青藏高原东缘深部物质动态过程清晰地进行了成像(Zheng et al,2018),动态模型如图6.10所示。图中红色和蓝色箭头表示可能的物质流,白色箭头标记板块运动的方向;龙门山构造复合带附近的红色圈,表示从更深的地幔中涌出的炽热和潮湿的物质;黑色和黄色虚线分别表示26°N和班公错—怒江缝合带(BNS)的位置;闭合虚线大致表示川滇块体(CDB)的轮廓;NCDB表示川滇北块体,SCDB表示川滇南块体,ALS表示阿拉善块体,SCB表示四川盆地块体,TCV表示腾冲火山。在欧亚大陆碰撞、印度板块向北俯冲的共同作用下,俯冲模式可能导致地幔物质在地质时间尺度上流动,并环绕了四川盆地,最终影响了扬子板块及其他区域。在26°N附近,深部岩石圈地幔可能发生了解耦,并持续向南流动,以喜马拉雅东构造结和四川盆地为支柱,在该地区很可能存在大面积的物质流变现象,并存在岩石圈的撕裂形态。综合分析将有助于进一步理解青藏高原东缘的构造活动机制,对深入分析该区域的流体变化、孕震环境有帮助作用。因时变重力空间分辨率的限制,尚未在该地区发现特别明显的构造现象,值得持续关注。

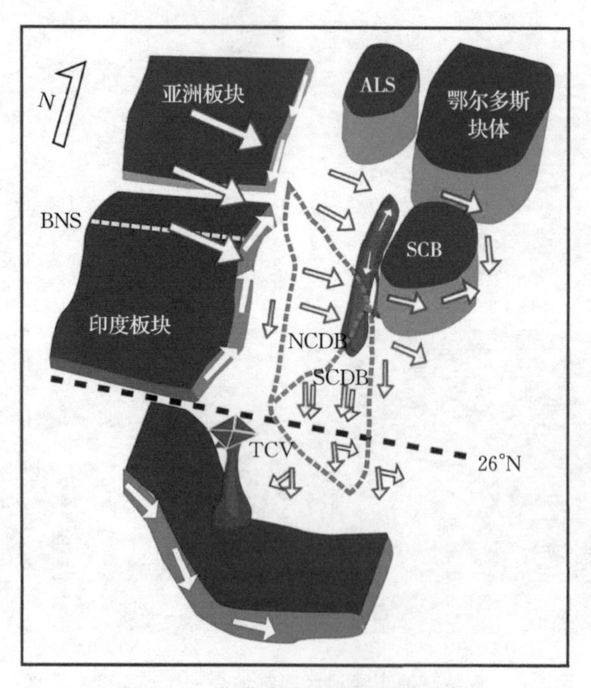

图6.10 青藏高原东缘的动态模型

地震重力测量获取的数据具有空间高度离散、时间变化量级较小等特点，且受多因素影响，质量迁移（密度变化）成为时变重力的主要控制对象。通过重力反演，对四维密度扰动进行分析，发现地壳物质密度变化在深度0～20 km（即中上地壳）处的密度变化最为显著，水平方向上以巴颜喀拉块体和川滇块体北部地区的负密度变化以及龙门山地区的正密度变化最为显著。最后结合流变学观点，对区域深部环境及构造活动进行了探讨，认为青藏高原东缘的构造活动基本上局限于脆性的上地壳部分，符合大陆岩石圈的“三明治”流变模型。

参考文献

安玉林,柴玉璞,张明华,等,2013.曲化平用最佳等效源模型及其单位位场表达式推导的新方法[J].地球物理学报,56(7):2473-2483.

白玲,李国辉,宋博文,2017.2017年西藏米林6.9级地震震源参数及其构造意义[J].地球物理学报,60(12):4956-4963.

蔡学林,朱介寿,曹家敏,等,2007.中国大陆及邻区岩石圈地壳三维结构与动力学型式[J].中国地质,34(4):543-557.

陈石,王谦身,祝意青,等,2011.青藏高原东缘重力导纳模型均衡异常时空特征[J].地球物理学报,54(1):22-34.

陈石,王青华,王谦身,等,2014.云南鲁甸 M_S 6.5地震震源区和周边三维密度结构及重力场变化[J].地球物理学报,57(9):3080-3090.

方剑,2006.中国及邻区均衡重力异常及其地球动力学特征[D].北京:中国地震局地质研究所.

方剑,许厚泽,1997.青藏高原及其邻区岩石层三维密度结构[J].地球物理学报,40(5):660-666.

方剑,许厚泽,1999.中国及邻区岩石层密度三维结构[J].地球物理学进展,14(2):88-93.

冯锐,1985.中国地壳厚度及上地幔密度分布(三维重力反演结果)[J].地震学报,7(2):143-157.

姜光政,高堋,饶松,等,2016.中国大陆地区大地热流数据汇编(第四版)[J].地球物理学报,59(8):2892-2910.

姜永涛,2015.川滇地区地壳运动和重力场变化与强震活动的关系研究[D].西安:长安大学.

蒋福珍,2002.三江地区重力场特征和岩石圈构造[J].武汉大学学报(信息科学版),27(2):122-126.

康文君,徐锡伟,于贵华,等,2016.南迦巴瓦峰第四纪隆升期次划分的热年代学证据[J].地球物理学报,59(5):1753-1761.

雷建设,赵大鹏,苏金蓉,等,2009.龙门山断裂带地壳精细结构与汶川地震发震机理[J].地球物理学报,52(2):339-345.

李大虎,2016.川滇交界地段强震潜在危险区深部结构和孕震环境研究[D].北京:中国地震局地球物理研究所.

李海兵,许志琴,马胜利,等,2018.汶川地震和九寨沟地震断层作用及动力学过程研究进展:纪念汶川地震十周年[J].地球物理学报,61(5):1653-1665.

李建成,陈俊勇,宁津生,等,2003.地球重力场逼近理论与中国2000似大地水准面的确定[M].武汉:武汉大学出版社.

李四光,1973a.地壳构造与地壳运动[J].中国科学(A辑),16(4):400-429.

李四光,1973b.地质力学概论[M].北京:科学出版社.

李伟,2019.青藏高原及邻区密度的重力反演与孕震环境的研究[D].武汉:武汉大学.

李永华,田小波,吴庆举,等,2006.青藏高原INDEPTH-Ⅲ剖面地壳厚度与泊松比:地质与地球物理含义[J].地球物理学报,49(4):1037-1044.

刘宏兵,孔祥儒,马晓冰,等,2001.青藏高原东南地区地壳物性结构特征[J].中国科学(D辑)(B12):61-65.

刘焰,SIEBEL W,王猛,2006.东喜马拉雅构造结陆内变形过程的研究[J].地质学报,80(9):1274-1284.

刘焰,钟大赉,1998.东喜马拉雅构造结地质构造框架[J].自然科学进展(国家重点实验室通讯),8(4):506-509.

毛经伦,祝意青,2018.地面重力观测数据在地震预测中的应用研究与进展[J].地球科学进展,33(3):236-247.

孟令顺,高锐,周富祥,等,1990.利用重力异常研究亚东—格尔木地壳构造[J].地球学报,11(2):149-161.

潘桂棠,李兴振,王立全,等,2002.青藏高原及邻区大地构造单元初步划分[J].地质通报,21(11):701-707.

彭聪,高锐,2000.中国大陆及邻近海域岩石圈/软流圈结构横向变化研究[M].北京:地震出版社.

申重阳,李辉,孙少安,等,2009.重力场动态变化与汶川 M_S 8.0 地震孕育过程[J].地球物理学报,52(10):2547-2557.

申重阳,杨光亮,谈洪波,等,2015.维西—贵阳剖面重力异常与地壳密度结构特征[J].地球物理学报,58(11):3952-3964.

滕吉文,王绍舟,姚振兴,等,1980.青藏高原及其邻近地区的地球物理场特征与大陆板块构造[J].地球物理学报,23(3):254-268.

滕吉文,熊绍柏,张中杰,1997.青藏高原深部结构与构造地球物理研究的回顾和展望[J].地球物理学报,40(S1):121-139.

王海涛,王斌,王伟,等,2019.大气负荷对新疆地区地壳形变和地面重力变化的影响[J].大地测量与地球动力学,39(2):189-194.

王敏,沈正康,牛之俊,等,2003.现今中国大陆地壳运动与活动块体模型[J].中国科学(D辑)(S1):21-32.

王谦身,安玉林,2001.青藏高原东部玛多—沙马地区的重力场与深部构造[J].地球物理学进展,16(4):4-10.

王谦身,滕吉文,张永谦,等,2009.四川中西部地区地壳结构与重力均衡[J].地球物理学报,52(2):579-583.

王帅,张永志,牛玉芬,等,2015.青藏高原北缘地应变演化特征[J].地球物理学进展,30(1):57-60.

王苏,徐晓雅,胡家富,2015.青藏高原东南缘的地壳结构与动力学模式研究综述[J].地球物理学报,58(11):4235-4253.

王伟,章传银,杨强,等,2018.大气负荷对区域地壳形变和重力变化的影响分析[J].武汉大学学报(信息科学版),43(9):1302-1308.

吴晓峰,宋浩,代宪鹏,等,2019.顾及垂直形变速率影响的茅山地区重力场变化[J].大地测量与地球动力学,39(8):804-809.

邢乐林,李建成,李辉,等,2007.青藏高原均衡重力异常的地震构造动力学研究[J].大地测量与地球动力学,27(6):33-36.

熊熊,滕吉文,2002. 青藏高原东缘地壳运动与深部过程的研究[J]. 地球物理学报,45(4):507-515.

许才军,2002. 青藏高原地壳运动模型与构造应力场[M]. 北京:测绘出版社.

许志琴,姜枚,杨经绥,1996. 青藏高原北部隆升的深部构造物理作用:以“格尔木-唐古拉山”地质及地球物理综合剖面为例[J]. 地质学报,70(3):195-206.

许志琴,吴忠良,李海兵,等,2018. 世界上最快回应大地震的汶川地震断裂带科学钻探[J]. 地球物理学报,61(5):1666-1679.

玄松柏,2016. 青藏高原东缘地壳结构与物质运移的重力研究[D]. 武汉:武汉大学.

杨光亮,申重阳,吴桂桔,等,2015. 金川—芦山—犍为剖面重力异常和地壳密度结构特征[J]. 地球物理学报,58(7):2424-2435.

易磊,2017. 地震震源破裂过程多源数据联合反演模式优化[D]. 武汉:武汉大学.

尹智,2016. 青藏高原岩石圈低速结构的动力学模型[D]. 武汉:武汉大学.

曾融生,孙为国,毛桐恩,等,1995. 中国大陆莫霍界面深度图[J]. 地震学报,17(3):322-327.

张旭,2016. 基于视震源时间函数的震源过程复杂性分析新方法研究[D]. 北京:中国地震局地球物理研究所.

张泽明,董昕,贺振宇,等,2013. 喜马拉雅造山带的高压超高压变质作用与印度—亚洲大陆碰撞[J]. 岩石学报,29(5):1713-1726.

章传银,晁定波,丁剑,等,2006. 厘米级高程异常地形影响的算法及特征分析[J]. 测绘学报,35(4):308-314.

章传银,郭春喜,陈俊勇,等,2009. EGM 2008 地球重力场模型在中国大陆适用性分析[J]. 测绘学报,38(4):283-289.

章传银,李爱勤,党亚民,等,2019. CORS 网区域重力场变化与地面稳定性跟踪监测方法[J]. 测绘科学,44(6):29-36.

章传银,王伟,甘卫军,等,2018. 利用 CORS 站网监测三峡地区环境负荷引起的地壳形变与重力场时空变化[J]. 武汉大学学报(信息科学版),43(9):1287-1294.

赵文津,冯昭贤,1996. 青藏高原大陆动力学研究:“INDEPTH”合作研究的体会[J]. 地球学报(中国地质科学院院报)(2):119-128.

钟大赉,丁林,1996. 青藏高原的隆起过程及其机制探讨[J]. 中国科学(D 辑),26(4):289-295.

周文月,刘佳音,2014. 龙门山断裂带与汶川地震形成机制的研究[C]//2014 年中国地球科学联合学术年会——专题 3:地球重力场及其地学应用论文集. 北京:[出版者不详]:61-63.

朱守彪,蔡永恩,石耀霖,2005. 青藏高原及邻区现今地应变率场的计算及其结果的地球动力学意义[J]. 地球物理学报,48(5):1053-1061.

朱思林,甘家思,徐菊生,等,1994. 滇西试验场区三维重力反演研究[J]. 地壳形变与地震(1):1-10.

祝意青,刘芳,徐云马,2018a. 重力监测在地震预报中的应用与展望[J]. 国际地震动态,476(8):9-10.

祝意青,申重阳,张国庆,等,2018b. 我国流动重力监测预报发展之再思考[J]. 大地测量与地球动力学,38(5):441-446.

祝意青,闻学泽,孙和平,等,2013.2013 年四川芦山 M_S 7.0 地震前的重力变化[J].地球物理学报,56(6):1887-1894.

祝意青,徐云马,吕弋培,等,2009.龙门山断裂带重力变化与汶川 8.0 级地震关系研究[J].地球物理学报,52(10):2538-2546.

ANTOLIK M, DREGER D S, 2003. Rupture process of the 26 January 2001 M_W 7.6 Bhuj, India, earthquake from teleseismic broadband data[J]. Bulletin of the Seismological Society of America, 93(3):1235-1248.

ARDALAN A A, SAFARI A, 2005. Global height datum unification: a new approach in gravity potential space[J]. Journal of Geodesy, 79(9):512-523.

ARTEMIEVA I M, 2006. Global 1° × 1° thermal model TC1 for the continental lithosphere: implications for lithosphere secular evolution[J]. Tectonophysics, 416(1/2/3/4):245-277.

ARTEMJEV M E, KABAN M K, KUCHERINENKO V A, et al, 1994. Subcrustal density inhomogeneities of Northern Eurasia as derived from the gravity data and isostatic models of the lithosphere[J]. Tectonophysics, 240(1/2/3/4):249-280.

AVOUAC J P, BUROV E B, 1996. Erosion as a driving mechanism of intracontinental mountain growth[J]. Journal of Geophysical Research: Solid Earth, 101(B8):17747-17769.

BAI D H, UNSWORTH M J, MEJU M A, et al, 2010. Crustal deformation of the eastern Tibetan Plateau revealed by magnetotelluric imaging[J]. Nature Geoscience, 3(5):358-362.

BAI L, LI G H, KHAN N G, et al, 2017. Focal depths and mechanisms of shallow earthquakes in the Himalayan-Tibetan region[J]. Gondwana Research, 41:390-399.

BAO X W, SONG X D, XU M J, et al, 2013. Crust and upper mantle structure of the North China Craton and the NE Tibetan Plateau and its tectonic implications[J]. Earth and Planetary Science Letters, 369/370:129-137.

BAO X W, SUN X X, XU M J, et al, 2015. Two crustal low-velocity channels beneath SE Tibet revealed by joint inversion of Rayleigh wave dispersion and receiver functions[J]. Earth and Planetary Science Letters, 415:16-24.

BEAUMONT C, JAMIESON R A, NGUYEN M H, et al, 2001. Himalayan tectonics explained by extrusion of a low-viscosity crustal channel coupled to focused surface denudation[J]. Nature, 414(6865):738-742.

BENDICK R, EHLERS T A, 2014. Extreme localized exhumation at syntaxes initiated by subduction geometry[J]. Geophysical Research Letters, 41(16):5861-5867.

BERTETE-AGUIRRE H, CHERKAEV E, ORISTAGLIO M, 2002. Non-smooth gravity problem with total variation penalization functional[J]. Geophysical Journal International, 149(2):499-507.

BOULANGER O, CHOUTEAU M, 2001. Constraints in 3D gravity inversion[J]. Geophysical Prospecting, 49(2):265-280.

BRACE W F, KOHLSTEDT D L, 1980. Limits on lithospheric stress imposed by laboratory experiments[J]. Journal of Geophysical Research: Solid Earth, 85(B11):6248-6252.

BRAITENBERG C,ZADRO M,FANG J,et al,2000. The gravity and isostatic Moho undulations in Qinghai-Tibet Plateau[J]. Journal of Geodynamics,30(5):489-505.

BROWN L D,ZHAO W,NELSON K D,et al,1996. Bright spots,structure,and magmatism in southern Tibet from INDEPTH seismic reflection profiling [J]. Science, 274 (5293): 1688-1690.

BURCHFIEL B C, CHEN Z L, LIU Y P, et al, 1995. Tectonics of the Longmen Shan and adjacent regions, central China[J]. International Geology Review,37(8):661-735.

BURG J P,NIEVERGELT P,OBERLI F,et al,1998. The Namche Barwa syntaxis:evidence for exhumation related to compressional crustal folding[J]. Journal of Asian Earth Sciences,16(2/3):239-252.

BURG J P,SCHMALHOLZ S M,2008. Viscous heating allows thrusting to overcome crustal-scale buckling: numerical investigation with application to the Himalayan syntaxes[J]. Earth and Planetary Science Letters,274(1/2):189-203.

BUROV E B, WATTS A B, 2006. The long-term strength of continental lithosphere: "jelly sandwich" or "crème brûlée"? [J]. GSA Today,16(1):4-10.

CARATORI TONTINI F,COCCHI L,CARMISCIANO C,2009. Rapid 3-D forward model of potential fields with application to the Palinuro Seamount magnetic anomaly (southern Tyrrhenian Sea,Italy)[J]. Journal of Geophysical Research:Solid Earth,114(B2):1-17.

CARATORI TONTINI F,DE RONDE C E J,YOERGER D,et al,2012. 3-D focused inversion of near-seafloor magnetic data with application to the Brothers volcano hydrothermal system, Southern Pacific Ocean,New Zealand[J]. Journal of Geophysical Research: Solid Earth,117(B10):1-12.

CHANG L J, WANG C Y, DING Z F, et al, 2015. Upper mantle anisotropy of the eastern Himalayan syntaxis and surrounding regions from shear wave splitting analysis[J]. Science China Earth Sciences,58(10):1872-1882.

CHEN L,BOOKER J R,JONES A G,et al,1996. Electrically conductive crust in southern Tibet from INDEPTH magnetotelluric surveying[J]. Science,274(5293):1694-1696.

CHEN M,NIU F L,LIU Q Y,et al,2015. Multiparameter adjoint tomography of the crust and upper mantle beneath East Asia:Part Ⅰ:Model construction and comparisons[J]. Journal of Geophysical Research:Solid Earth,120(3):1762-1786.

CHEN M,NIU F L,TROMP J,et al,2017a. Lithospheric foundering and underthrusting imaged beneath Tibet[J]. Nature Communications,8:15659.

CHEN M, NIU F, TROMP J, et al, 2018a. Publisher correction: lithospheric foundering and underthrusting imaged beneath Tibet[J]. Nature Communications,9(1):3443.

CHEN S,ZHUANG J C,LI X Y,et al,2018b. Bayesian approach for network adjustment for gravity survey campaign:methodology and model test[J]. Journal of Geodesy,93(5):681-700.

CHEN W J, TENZER R, 2017b. Moho modeling using FFT technique[J]. Pure and Applied Geophysics,174(4):1743-1757.

CHEN W P, MOLNAR P, 1983. Focal depths of intracontinental and intraplate earthquakes and their implications for the thermal and mechanical properties of the lithosphere[J]. Journal of Geophysical Research: Solid Earth, 88(B5): 4183-4214.

CHEN W P, YANG Z H, 2004. Earthquakes beneath the Himalayas and Tibet: evidence for strong lithospheric mantle[J]. Science, 304(5679): 1949-1952.

CHUNG S L, CHU M F, ZHANG Y Q, et al, 2005. Tibetan tectonic evolution inferred from spatial and temporal variations in post-collisional magmatism[J]. Earth-Science Reviews, 68 (3/4): 173-196.

CLARK M K, ROYDEN L H, 2000. Topographic ooze: building the eastern margin of Tibet by lower crustal flow[J]. Geology, 28(8): 703-706.

COMMER M, 2011. Three-dimensional gravity modelling and focusing inversion using rectangular meshes[J]. Geophysical Prospecting, 59(5): 966-979.

COOPER G R, COWAN D R, 2008. Edge enhancement of potential-field data using normalized statistics[J]. Geophysics, 73(3): H1-H4.

DECELLES P G, ROBINSON D M, ZANDT G, 2002. Implications of shortening in the Himalayan fold-thrust belt for uplift of the Tibetan Plateau[J]. Tectonics, 21(6): 12-25.

DENG Q D, CHEN S F, ZHAO X L, 1995. Tectonics, scismisity and dynamics of Longmenshan Mountains and its adjacent regions[J]. Seismology and Geology, 16(4): 389-403.

DENG Y F, ZHANG Z J, MOONEY W, et al, 2014. Mantle origin of the Emeishan large igneous province (South China) from the analysis of residual gravity anomalies[J]. Lithos, 204: 4-13.

DING L, ZHONG D L, YIN A, et al, 2001. Cenozoic structural and metamorphic evolution of the eastern Himalayan syntaxis (Namche Barwa)[J]. Earth and Planetary Science Letters, 192 (3): 423-438.

DOGLIONI C, ISMAIL-ZADEH A, PANZA G, et al, 2011. Lithosphere-asthenosphere viscosity contrast and decoupling[J]. Physics of the Earth and Planetary Interiors, 189(1/2): 1-8.

DONG H, WEI W B, JIN S, et al, 2016. Extensional extrusion: insights into south-eastward expansion of Tibetan Plateau from magnetotelluric array data[J]. Earth and Planetary Science Letters, 454: 78-85.

DONG H W, XU Z Q, 2016. Kinematics, fabrics and geochronology analysis in the Médog shear zone, Eastern Himalayan Syntaxis[J]. Tectonophysics, 667: 108-123.

DONG H W, XU Z Q, LI Y, et al, 2015. The Mesozoic metamorphic-magmatic events in the Medog area, the Eastern Himalayan Syntaxis: constraints from zircon U-Pb geochronology, trace elements and Hf isotope compositions in granitoids[J]. International Journal of Earth Sciences, 104(1): 61-74.

DONG H W, XU Z Q, LI Y A, et al, 2014. Pressure-temperature evolution of the metapelites in the Motuo area, the eastern Himalayan syntaxis[J]. Acta Geologica Sinica, 88(2): 544-557.

ENGLAND P, HOUSEMAN G, 1986. Finite strain calculations of continental deformation: 2. Comparison with the India-Asia Collision Zone[J]. Journal of Geophysical Research: Solid

Earth,91(B3):3664-3676.

ENGLAND P, HOUSEMAN G, 1989. Extension during continental convergence, with application to the Tibetan Plateau[J]. Journal of Geophysical Research:Solid Earth,94(B12):17561-17579.

ENGLAND P,MCKENZIE D,1982. A thin viscous sheet model for continental deformation[J]. Geophysical Journal of the Royal Astronomical Society,70(2):295-321.

ENGLAND P,MOLNAR P,1997a. Active deformation of Asia: from kinematics to dynamics [J]. Science,278(5338):647-650.

ENGLAND P, MOLNAR P, 1997b. The field of crustal velocity in Asia calculated from Quaternary rates of slip on faults[J]. Geophysical Journal International,130(3):551-582.

FARR T G, ROSEN P A, CARO E, et al, 2007. The shuttle radar topography mission[J]. Reviews of Geophysics,45(2):1-20.

FU G Y,GAO S H,FREYMUELLER J T,et al,2014. Bouguer gravity anomaly and isostasy at western Sichuan Basin revealed by new gravity surveys[J]. Journal of Geophysical Research: Solid Earth,119(4):3925-3938.

FU G Y,SHE Y W,2017. Gravity anomalies and isostasy deduced from new dense gravimetry around the Tsangpo gorge,Tibet[J]. Geophysical Research Letters,44(20):10233-10239.

FU Y V,LI A B,CHEN Y J,2010. Crustal and upper mantle structure of southeast Tibet from Rayleigh wave tomography[J]. Journal of Geophysical Research: Solid Earth,115(B12):1-23.

GAN W J,ZHANG P Z,SHEN Z K,et al,2007. Present-day crustal motion within the Tibetan Plateau inferred from GPS measurements[J]. Journal of Geophysical Research: Solid Earth, 112(B8):1-16.

GAO L N,ZHANG H J,YAO H J,et al,2017. 3D Vp and Vs models of southeastern margin of the Tibetan plateau from joint inversion of body-wave arrival times and surface-wave dispersion data[J]. Earthquake Science,30(1):17-32.

GENG Q R,PAN G T,ZHENG L L,et al,2006. The Eastern Himalayan syntaxis:major tectonic domains,ophiolitic mélanges and geologic evolution[J]. Journal of Asian Earth Sciences,27(3):265-285.

GOETZE C,EVANS B,1979. Stress and temperature in the bending lithosphere as constrained by experimental rock mechanics[J]. Geophysical Journal International,59(3):463-478.

GOLDSTEIN R M, WERNER C L, 1998a. Radar interferogram filtering for geophysical applications[J]. Geophysical Research Letters,25(21):4035-4038..

GOLDSTEIN R M,ZEBKER H A,WERNER C L,1988b. Satellite radar interferometry: two-dimensional phase unwrapping[J]. Radio Science,23(4):713-720.

GONG W,JIANG X D,ZHOU H T,et al,2018. Varied thermo-rheological structure,mechanical anisotropy and lithospheric deformation of the southeastern Tibetan Plateau[J]. Journal of Asian Earth Sciences,163:108-130.

GUILLEN A,MENICHETTI V,1984. Gravity and magnetic inversion with minimization of a specific functional[J]. Geophysics,49(8):1354-1360.

GUPTA H,GAHALAUT V K,2014. Seismotectonics and large earthquake generation in the Himalayan region[J]. Gondwana Research,25(1):204-213.

GUPTA T D,RIGUZZI F,DASGUPTA S,et al,2015. Kinematics and strain rates of the Eastern Himalayan syntaxis from new GPS campaigns in Northeast India[J]. Tectonophysics,655:15-26.

GUTENBERG B,1960. Low-velocity layers in the earth, ocean, and atmosphere[J]. Science,131(3405):959-965.

HAINES S S,KLEMPERER S L,BROWN L,et al,2003. INDEPTH III seismic data: from surface observations to deep crustal processes in Tibet[J]. Tectonics,22(1):1-5.

HAO M,FREYMUELLER J T,WANG Q L,et al,2016a. Vertical crustal movement around the southeastern Tibetan Plateau constrained by GPS and GRACE data[J]. Earth and Planetary Science Letters,437:1-8.

HAO M,WANG Q L,CUI D X,et al,2016b. Present-day crustal vertical motion around the Ordos block constrained by precise leveling and GPS data[J]. Surveys in Geophysics,37(5):923-936.

HAO M,WANG Q L,SHEN Z K,et al,2014. Present day crustal vertical movement inferred from precise leveling data in eastern margin of Tibetan Plateau[J]. Tectonophysics,632:281-292.

HAPROFF P J, ZUZA A V, YIN A, 2018. West-directed thrusting south of the eastern Himalayan syntaxis indicates clockwise crustal flow at the indenter corner during the India-Asia collision[J]. Tectonophysics,722:277-285.

HARTZELL S H, HEATON T H, 1983. Inversion of strong ground motion and teleseismic waveform data for the fault rupture history of the 1979 Imperial Valley, California, earthquake[J]. Bulletin of the Seismological Society of America,73(6A):1553-1583.

HATZFELD D,MOLNAR P,2010. Comparisons of the kinematics and deep structures of the Zagros and Himalaya and of the Iranian and Tibetan Plateaus and geodynamic implications[J]. Reviews of Geophysics,48(2):1-5.

HAUCK M L,NELSON K D,BROWN L D,et al,1998. Crustal structure of the Himalayan orogen at ~90° east longitude from project INDEPTH deep reflection profiles[J]. Tectonics,17(4):481-500.

HEISKANEN W A, MORITZ H, 1967. Physical geodesy[J]. Bulletin Géodésique (1946—1975),86(1):491-492.

HERCEG M,ARTEMIEVA I M,THYBO H,2016. Sensitivity analysis of crustal correction for calculation of lithospheric mantle density from gravity data[J]. Geophysical Journal International,204(2):687-696.

HODGES K V,HURTADO J M,WHIPPLE K X,2001. Southward extrusion of Tibetan crust and its effect on Himalayan tectonics[J]. Tectonics,20(6):799-809.

HODGES K V, PARRISH R R, HOUSH T B, et al, 1992. Simultaneous Miocene extension and shortening in the Himalayan orogen[J]. Science, 258(5087): 1466-1470.

HOUSEMAN G, ENGLAND P, 1986. Finite strain calculations of continental deformation: I-Method and general results for convergent zones. II-Comparison with the India-Asia collision zone[J]. Journal of Geophysical Research: Solid Earth, 91(B3): 3651-3663.

HUANG W T, DUPONT-NIVET G, LIPPERT P C, et al, 2015. Can a primary remanence be retrieved from partially remagnetized Eocence volcanic rocks in the Nanmulin Basin (southern Tibet) to date the India-Asia collision? [J]. Journal of Geophysical Research: Solid Earth, 120 (1): 42-66.

HULLEY J C L, 1963. Correlation between gravity anomalies, transcurrent faults and pole positions[J]. Nature, 198(4879): 466-467.

HWANG C, PARSONS B, 1995. Gravity anomalies derived from Seasat, Geosat, ERS-1 and TOPEX/POSEIDON altimetry and ship gravity: a case study over the Reykjanes Ridge[J]. Geophysical Journal International, 122(2): 551-568.

JACOB T, BAYER R, CHERY J, et al, 2010. Time-lapse microgravity surveys reveal water storage heterogeneity of a Karst aquifer[J]. Journal of Geophysical Research: Solid Earth, 115 (B6): 1-2.

JACOB T, CHERY J, BAYER R, et al, 2009. Time-lapse surface to depth gravity measurements on a karst system reveal the dominant role of the epikarst as a water storage entity[J]. Geophysical Journal International, 177(2): 347-360.

JAMIESON R A, BEAUMONT C, MEDVEDEV S, et al, 2004. Crustal channel flows: 2. Numerical models with implications for metamorphism in the Himalayan-Tibetan orogen[J]. Journal of Geophysical Research: Solid Earth, 109(B6): 1-10.

JIANG C X, YANG Y J, ZHENG Y, 2016. Crustal structure in the junction of Qinling Orogen, Yangtze Craton and Tibetan Plateau: implications for the formation of the Dabashan Orocline and the growth of Tibetan Plateau[J]. Geophysical Journal International, 205(3): 1670-1681.

JIANG W L, ZHANG J F, TIAN T, et al, 2012. Crustal structure of Chuan-Dian region derived from gravity data and its tectonic implications [J]. Physics of the Earth and Planetary Interiors, 212/213: 76-87.

JIANG X D, JIN Y, 2005. Mapping the deep lithospheric structure beneath the eastern margin of the Tibetan Plateau from gravity anomalies[J]. Journal of Geophysical Research: Solid Earth, 110(B7): 1-7.

JIN Y, MCNUTT M K, ZHU Y S, 1994. Evidence from gravity and topography data for folding of Tibet[J]. Nature, 371(6499): 669-674.

JIN Y, MCNUTT M K, ZHU Y S, 1996. Mapping the descent of Indian and Eurasian plates beneath the Tibetan Plateau from gravity anomalies[J]. Journal of Geophysical Research: Solid Earth, 101(B5): 11275-11290.

KABAN M K, SCHWINTZER P, REIGBER C, 2004. A new isostatic model of the lithosphere and gravity field[J]. Journal of Geodesy,78(6):368-385.

KABAN M K, TESAURO M, MOONEY W D, et al, 2014. Density, temperature, and composition of the North American lithosphere-New insights from a joint analysis of seismic, gravity, and mineral physics data: 1. Density structure of the crust and upper mantle[J]. Geochemistry, Geophysics, Geosystems,15(12):4781-4807.

KENNETT B L N,ENGDAHL E R,BULAND R,1995. Constraints on seismic velocities in the Earth from traveltimes[J]. Geophysical Journal International,122(1):108-124.

KIM A,DREGER D S,2008. Rupture process of the 2004 Parkfield earthquake from near-fault seismic waveform and geodetic records[J]. Journal of Geophysical Research: Solid Earth,113(B7):1-8.

KIND R, YUAN X, SAUL J, et al, 2002. Seismic images of crust and upper mantle beneath Tibet: evidence for Eurasian plate subduction[J]. Science,298(5596):1219-1221.

KING G E,HERMAN F,GURALNIK B,2016. Northward migration of the eastern Himalayan syntaxis revealed by OSL thermochronometry[J]. Science,353(6301):800-804.

KOHLSTEDT D L,EVANS B,MACKWELL S J,1995. Strength of the lithosphere: constraints imposed by laboratory experiments[J]. Journal of Geophysical Research: Solid Earth, 100(B9):17587-17602.

KONG F S,WU J,LIU K H,et al,2016. Crustal anisotropy and ductile flow beneath the eastern Tibetan Plateau and adjacent areas[J]. Earth and Planetary Science Letters,442:72-79.

KONG F S, WU J, LIU L, et al, 2018. Azimuthal anisotropy and mantle flow underneath the southeastern Tibetan Plateau and northern Indochina Peninsula revealed by shear wave splitting analyses[J]. Tectonophysics,747/748:68-78.

KOONS P O,1995. Modeling the topographic evolution of collisional belts[J]. Annual Review of Earth and Planetary Sciences,23(1):375-408.

KOONS P O, ZEITLER P K, CHAMBERLAIN C P, et al, 2002. Mechanical links between erosion and metamorphism in Nanga Parbat, Pakistan Himalaya[J]. American Journal of Science,302(9):749-773.

KOONS P O, ZEITLER P K, HALLET B, 2013. Tectonic aneurysms and mountain building[M]. San Diego:Academic Press:318-349.

LAMBECK K, 1988. Geophysical geodesy: the slow deformations of the earth[M]. Oxford: Clarendon Press.

LAST B J,KUBIK K,1983. Compact gravity inversion[J]. Geophysics,48(6):713-721.

LEV E,LONG M D,VAN DER HILST R D,2006. Seismic anisotropy in Eastern Tibet from shear wave splitting reveals changes in lithospheric deformation[J]. Earth and Planetary Science Letters,251(3/4):293-304.

LI J, LIU C L, ZHENG Y, et al, 2017. Rupture process of the M_S 7.0 Lushan earthquake determined by joint inversion of local static GPS records, strong motion data, and teleseismograms[J]. Journal of Earth Science,28(2):404-410.

LI J T, SONG X D, 2018a. Tearing of Indian mantle lithosphere from high-resolution seismic images and its implications for lithosphere coupling in southern Tibet[J]. Proceedings of the National Academy of Sciences, 115(33): 8296-8300.

LI W, XU C J, YI L, et al, 2019. Source Parameters and Seismogenic Structure of the 2017 M_W 6.5 Mainling Earthquake in the Eastern Himalayan Syntaxis (Tibet, China)[J]. Journal of Asian Earth Sciences, 169: 130-138.

LI Y G, OLDEBURG D W, 1996. 3-D inversion of magnetic data[J]. Geophysics, 61(2): 394-408.

LI Y G, OLDEBURG D W, 1998a. Separation of regional and residual magnetic field data[J]. Geophysics, 63(2): 431-439.

LI Y G, OLDEBURG D W, 1998b. 3-D inversion of gravity data[J]. Geophysics, 63(1): 109-119.

LI Y L, WANG B S, HE R Z, et al, 2018b. Fine relocation, mechanism, and tectonic indications of middle-small earthquakes in the Central Tibetan Plateau[J]. Earth and Planetary Physics, 2(5): 1-14.

LIANG S M, GAN W J, SHEN C Z, et al, 2013. Three-dimensional velocity field of present-day crustal motion of the Tibetan Plateau derived from GPS measurements[J]. Journal of Geophysical Research: Solid Earth, 118(10): 5722-5732.

LIN C H, PENG M, TAN H D, et al, 2017. Crustal structure beneath Namche Barwa, eastern Himalayan syntaxis: new insights from three-dimensional magnetotelluric imaging[J]. Journal of Geophysical Research: Solid Earth, 122(7): 5082-5100.

LIU K, HAO T Y, YANG H, et al, 2018. 3D gravity anomaly separation method taking into account the gravity response of the inhomogeneous mantle[J]. Journal of Asian Earth Sciences, 163: 212-223.

LIU Q Y, VAN DER HILST R D, LI Y, et al, 2014. Eastward expansion of the Tibetan Plateau by crustal flow and strain partitioning across faults[J]. Nature Geoscience, 7(5): 361-365.

MAKOVSKY Y, KLEMPERER S L, RATSCHBACHER L, et al, 1996. INDEPTH wide-angle reflection observation of P-wave-to-S-wave conversion from crustal bright spots in Tibet[J]. Science, 274(5293): 1690-1691.

MENG Z H, 2018. Three-dimensional potential field data inversion with L0 quasinorm sparse constraints[J]. Geophysical Prospecting, 66(3): 626-646.

MISHRA D C, RAVIKUMAR M, 2008. Geodynamics of Indian Plate and Tibet: Buoyant lithosphere, rapid drift and channel flow from gravity studies[J]. Geological Society of India (68): 151-172.

MISHRA O P, ZHAO D P, 2003. Crack density, saturation rate and porosity at the 2001 Bhuj, India, earthquake hypocenter: a fluid-driven earthquake? [J]. Earth and Planetary Science Letters, 212(3/4): 393-405.

MOLNAR P, LYON-CAENT H, 1989. Fault plane solutions of earthquakes and active tectonics of the Tibetan Plateau and its margins[J]. Geophysical Journal International, 99(1): 123-154.

MORITZ H,1980. Advanced physical geodesy[M]. Tunbridge: Abacus Press.

NAFE J E,DRAKE C L,1961. Physical properties of marine sediments:technical report No. 2 LDEO Technical Reports[EB/OL]. [2019-06-01]. https://academiccommons. columbia. edu/doi/10. 7916/d8-c3vm-rs29/download.

NELSON K D,ZHAO W J,BROWN L D,et al,1996. Partially molten middle crust beneath southern Tibet:synthesis of project INDEPTH results[J]. Science,274(5293):1684-1688.

OEZSEN R,2004. Velocity modelling and prestack depth imaging below complex salt structures: a case history from on-shore Germany[J]. Geophysical Prospecting,52(6):693-705.

OLESEN A V,ANDERSEN O B,TSCHERNING C C,2002. Merging of airborne gravity and gravity derived from satellite altimetry: test cases along the coast of Greenland[J]. Studia Geophysica et Geodaetica,46(3):387-394.

PAN Y J,CHEN R Z,YI S A,et al,2019. Contemporary mountain-building of the Tianshan and its relevance to geodynamics constrained by integrating GPS and GRACE measurements[J]. Journal of Geophysical Research: Solid Earth,124(11):12171-12188.

PAN Y J,SHEN W B,2017. Contemporary crustal movement of southeastern Tibet:constraints from dense GPS measurements[J]. Scientific Reports,7:45348.

PAN Y J,SHEN W B,SHUM C K,et al,2018. Spatially varying surface seasonal oscillations and 3-D crustal deformation of the Tibetan Plateau derived from GPS and GRACE data[J]. Earth and Planetary Science Letters,502:12-22.

PARKER R L,1972. Inverse theory with grossly inadequate data[J]. Geophysical Journal of the Royal Astronomical Society,29(2):123-138.

PARKER R L,1973. The rapid calculation of potential anomalies[J]. Geophysical Journal of the Royal Astronomical Society,31(4):447-455.

PAVLIS N K,HOLMES S A,KENYON S C,et al,2012. The development and evaluation of the Earth Gravitational Model 2008 (EGM2008)[J]. Journal of Geophysical Research: Solid Earth,117(B4):1-6.

PAVLIS N K,HOLMES S A,KENYON S C,et al,2013. Correction to "The development and evaluation of the Earth Gravitational Model 2008 (EGM2008)"[J]. Journal of Geophysical Research: Solid Earth,118(5):2633-2633.

PENG M, JIANG M, LI Z H, et al, 2016. Complex Indian subduction style with slab fragmentation beneath the Eastern Himalayan Syntaxis revealed by teleseismic P-wave tomography[J]. Tectonophysics,667:77-86.

POIRIER J P,2000. Introduction to the physics of the Earth's interior[M]. 2nd ed. Cambridge: Cambridge University Press.

POLLARD D D, TOWNSEND M R, 2018. Fluid-filled fractures in Earth's lithosphere: Gravitational loading, interpenetration, and stable height of dikes and veins[J]. Journal of Structural Geology,109:38-54.

PORTNIAGUINE O, ZHDANOV M S, 1999. Focusing geophysical inversion images[J].

Geophysics,64(3):874-887.

PRASAD K N D,SINGH A P,TIWARI V M,2018. 3D upper crustal density structure of the Deccan Syneclise, Central India[J]. Geophysical Prospecting,66(8):1625-1640.

PRIESTLEY K,JACKSON J,MCKENZIE D,2008. Lithospheric structure and deep earthquakes beneath India, the Himalaya and southern Tibet[J]. Geophysical Journal International,172(1):345-362.

RANALLI G, MURPHY D C, 1987. Rheological stratification of the lithosphere [J]. Tectonophysics,132(4):281-295.

REY P, VANDERHAEGHE O, TEYSSIER C, 2001. Gravitational collapse of the continental crust: definition, regimes and modes[J]. Tectonophysics,342(3/4):435-449.

ROBINSON R A J,BREZINA C A,PARRISH R R,et al,2014. Large rivers and orogens: the evolution of the Yarlung Tsangpo-Irrawaddy system and the eastern Himalayan syntaxis[J]. Gondwana Research,26(1):112-121.

ROWLEY D B, 1996. Age of initiation of collision between India and Asia: a review of stratigraphic data[J]. Earth and Planetary Science Letters,145(1/2/3/4):1-13.

ROWLEY D B,1998. Minimum age of initiation of collision between India and Asia north of Everest based on the subsidence history of the zhepure mountain section[J]. The Journal of Geology,106(2):220-235.

ROYDEN L H, BURCHFIEL B C, KING R W, et al, 1997. Surface deformation and lower crustal flow in eastern Tibet[J]. Science,276(5313):788-790.

RUI X,STAMPS D S,2016. Present-day kinematics of the eastern Tibetan Plateau and Sichuan Basin: implications for lower crustal rheology[J]. Journal of Geophysical Research: Solid Earth,121(5):3846-3866.

SCHEIBER R,MOREIRA A,2000. Coregistration of interferometric SAR images using spectral diversity[J]. IEEE Transactions on Geoscience and Remote Sensing,38(5):2179-2191.

SCHOENBOHM L M,BURCHFIEL B C,CHEN L Z,2006. Propagation of surface uplift,lower crustal flow, and Cenozoic tectonics of the southeast margin of the Tibetan Plateau[J]. Geology,34(10):813-816.

SCHOTT B,SCHMELING H,1998. Delamination and detachment of a lithospheric root[J]. Tectonophysics,296(3/4):225-247.

SEWARD D,BURG J P,2008. Growth of the Namche Barwa Syntaxis and associated evolution of the Tsangpo Gorge: constraints from structural and thermochronological data [J]. Tectonophysics,451(1/2/3/4):282-289.

SHE Y W,FU G Y,WANG Z H,et al,2016. Gravity anomalies and lithospheric flexure around the Longmen Shan deduced from combinations of in situ observations and EGM2008 data[J]. Earth Planets and Space,68(1):1-11.

SHI F,WANG Y B,YU T,et al,2018. Lower-crustal earthquakes in southern Tibet are linked to eclogitization of dry metastable granulite[J]. Nature Communications,9(1):3483.

SHIN Y H, XU H Z, BRAITENBERG C, et al, 2007. Moho undulations beneath Tibet from GRACE-integrated gravity data[J]. Geophysical Journal International, 170(3): 971-985.

SOL S, MELTZER A, BÜRGMANN R, et al, 2007. Geodynamics of the southeastern Tibetan Plateau from seismic anisotropy and geodesy[J]. Geology, 35(6): 563-566.

STEFFEN H, GITLEIN O, DENKER H, et al, 2009. Present rate of uplift in Fennoscandia from GRACE and absolute gravimetry[J]. Tectonophysics, 474(1/2): 69-77.

STEFFEN R, STEFFEN H, JENTZSCH G, 2011. A three-dimensional Moho depth model for the Tien Shan from EGM2008 gravity data[J]. Tectonics, 30(5): 442-460.

SUN X X, BAO X W, XU M J, et al, 2014. Crustal structure beneath SE Tibet from joint analysis of receiver functions and Rayleigh wave dispersion[J]. Geophysical Research Letters, 41(5): 1479-1484.

SUN Y J, DONG S W, ZHANG H L, et al, 2013. 3D thermal structure of the continental lithosphere beneath China and adjacent regions[J]. Journal of Asian Earth Sciences, 62: 697-704.

SUN Y Z, HIER-MAJUMDER S, TAUZIN B, et al, 2021. Evidence of volatile-induced melting in the northeast Asian upper mantle[J]. Journal of Geophysical Research: Solid Earth, 126(10): 1-17.

TENG J W, 2009. The research of deep physics of Earth's interior and dynamics in China: the sexten major thesis evidences and scientifc quide[J]. Progress in Geophysics, 3: 1-2.

TIMMEN L, 2010. Absolute and relative gravimetry[M]//XU G, Sciences of Geodesy-I. Berlin, Heidelberg: Springer: 1-48.

TIWARI A K, SINGH A, EKEN T N, et al, 2017. Seismic anisotropy inferred from direct S-wave-derived splitting measurements and its geodynamic implications beneath southeastern Tibetan Plateau[J]. Solid Earth, 8(2): 435-452.

TOUSHMALANI R, SAIBI H, 2015. 3D gravity inversion using Tikhonov regularization[J]. Acta Geophysica, 63(4): 1044-1065.

WANG C Y, FLESCH L M, SILVER P G, et al, 2008. Evidence for mechanically coupled lithosphere in central Asia and resulting implications[J]. Geology, 36(5): 363-366.

WANG C Y, LOU H, SILVER P G, et al, 2010. Crustal structure variation along 30°N in the eastern Tibetan Plateau and its tectonic implications[J]. Earth and Planetary Science Letters, 289(3/4): 367-376.

WANG P, SCHERLER D, LIU-ZENG J, et al, 2014. Tectonic control of Yarlung Tsangpo Gorge revealed by a buried canyon in Southern Tibet[J]. Science, 346(6212): 978-981.

WANG Q, ZHANG P Z, FREYMUELLER J T, et al, 2001. Present-day crustal deformation in China constrained by global positioning system measurements[J]. Science, 294(5542): 574-577.

WANG R J, 1999. A simple orthonormalization method for stable and efficient computation of Green's functions[J]. Bulletin of the Seismological Society of America, 89(3): 733-741.

WANG R J,MARTIN F L,ROTH F,2003. Computation of deformation induced by earthquakes in a multi-layered elastic crust-FORTRAN programs EDGRN/EDCMP[J]. Computers and Geosciences,29(2):195-207.

WANG X,CHEN L,AI Y S,et al,2018. Crustal structure and deformation beneath eastern and northeastern Tibet revealed by P-wave receiver functions[J]. Earth and Planetary Science Letters,497:69-79.

WEGNÜLLER U, WERNER C, STROZZI T, et al, 2016. Sentinel-1 support in the GAMMA software[J]. Procedia Computer Science,100:1305-1312.

XU W C,ZHANG H F,HARRIS N,et al,2013. Rapid Eocene erosion, sedimentation and burial in the eastern Himalayan syntaxis and its geodynamic significance[J]. Gondwana Research,23(2):715-725.

XU Z Q,DILEK Y,YANG J S,et al,2015. Crustal structure of the Indus-Tsangpo suture zone and its ophiolites in southern Tibet[J]. Gondwana Research,27(2):507-524.

XU Z Q,JI S C,CAI Z H,et al,2012. Kinematics and dynamics of the Namche Barwa Syntaxis, eastern Himalaya: constraints from deformation, fabrics and geochronology[J]. Gondwana Research,21(1):19-36.

XU RUI,STAMPS D S,2016. Present-day kinematics of the eastern Tibetan Plateau and Sichuan Basin: Implications for lower crustal rheology[J]. Journal of Geophysical Research: Solid Earth,121(5):3846-3866.

YAGI Y, MIKUMO T, PACHECO J, et al, 2004. Source rupture process of the Tecomán, Colima, Mexico earthquake of 22 January 2003, determined by joint inversion of teleseismic body-wave and near-source data[J]. Bulletin of the Seismological Society of America,94(5): 1795-1807.

YAN D P, ZHOU Y, QIU L, et al, 2018. The Longmenshan tectonic complex and adjacent tectonic units in the eastern margin of the Tibetan Plateau: a review[J]. Journal of Asian Earth Sciences,164:33-57.

YANG R,HERMAN F,FELLIN M G,et al,2018. Exhumation and topographic evolution of the Namche Barwa Syntaxis, eastern Himalaya[J]. Tectonophysics,722:43-52.

YANG S F,LI Z L,CHEN H L,et al,2007. Permian bimodal dyke of Tarim Basin,NW China: geochemical characteristics and tectonic implications[J]. Gondwana Research, 12(1/2): 113-120.

YAO H J,BEGHEIN C,VAN DER HILST R D,2008. Surface wave array tomography in SE Tibet from ambient seismic noise and two-station analysis-Ⅱ. Crustal and upper-mantle structure[J]. Geophysical Journal International,173(1):205-219.

YAO H J,VAN DER HILST R D,2009. Analysis of ambient noise energy distribution and phase velocity bias in ambient noise tomography, with application to SE Tibet[J]. Geophysical Journal International,179(2):1113-1132.

YAO H J,VAN DER HILST R D,DE HOOP M V,2006. Surface-wave array tomography in SE

Tibet from ambient seismic noise and two-station analysis-Ⅰ. Phase velocity maps[J]. Geophysical Journal International,166(2):732-744.

YIN A,2006. Cenozoic tectonic evolution of the Himalayan orogen as constrained by along-strike variation of structural geometry, exhumation history, and foreland sedimentation[J]. Earth-Science Reviews,76(1/2):1-131.

YIN A,DUBEY C S,KELTY T K,et al,2006. Structural evolution of the Arunachal Himalaya and implications for asymmetric development of the Himalayan orogen[J]. Current Science,90(25):195-206.

YIN A, HARRISON T M, 2000. Geologic evolution of the Himalayan-Tibetan orogen[J]. Annual Review of Earth and Planetary Sciences,28(1):211-280.

YUE C Y,DANG Y M,DAI H Y,et al,2018. Crustal deformation characteristics of Sichuan-Yunnan region in China on the constraint of multi-periods of GPS velocity fields[J]. Advances in Space Research,61(8):2180-2189.

ZEITLER P K,KOONS P O,HALLET B,et al,2015. Comment on "Tectonic control of Yarlung Tsangpo Gorge revealed by a buried canyon in Southern Tibet"[J]. Science,349(6250):799.

ZEITLER P K,MELTZER A S,BROWN L,et al,2014. Tectonics and topographic evolution of Namche Barwa and the easternmost Lhasa block, Tibet [C]//Toward an Improved Understanding of Uplift Mechanisms and the Elevation History of the Tibetan Plateau. Boulder:Geological Society of America.

ZEITLER P K,MELTZER A S,KOONS P O,et al,2001. Erosion,Himalayan geodynamics,and the geomorphology of metamorphism[J]. GSA Today,11(1):4-9.

ZHANG H F, HARRIS N, PARRISH R, et al, 2004. Causes and consequences of protracted melting of the mid-crust exposed in the North Himalayan antiform[J]. Earth and Planetary Science Letters,228(1/2):195-212.

ZHANG X M,DU G B,LIU J,et al,2018. An M 6.9 earthquake at Mainling,Tibet on Nov. 18, 2017[J]. Earth and Planetary Physics,2(1):84-85.

ZHANG Y,FENG W P,CHEN Y T,et al,2012. The 2009 L'Aquila M_W 6.3 earthquake:a new technique to locate the hypocenter in the joint inversion of earthquake rupture process[J]. Geophysical Journal International,191(3):1417-1426.

ZHAO D P,KANAMORI H,NEGISHI H,et al,1996. Tomography of the source area of the 1995 Kobe earthquake: evidence for fluids at the hypocenter? [J]. Science,274(5294):1891-1894.

ZHAO D P,MIZUNO T,1999. Crack density and saturation rate in the 1995 Kobe earthquake region[J]. Geophysical Research Letters,26(21):3213-3216.

ZHAO J M,YUAN X H,LIU H B,et al,2010. The boundary between the Indian and Asian tectonic plates below Tibet[J]. Proceedings of the National Academy of Sciences,107(25):11229-11233.

ZHAO W,MECHIE J,BROWN L D,et al,2001. Crustal structure of central Tibet as derived from project INDEPTH wide-angle seismic data[J]. Geophysical Journal International, 145 (2): 486-498.

ZHDANOV M S, ELLIS R, MUKHERJEE S, 2004. Three-dimensional regularized focusing inversion of gravity gradient tensor component data[J]. Geophysics, 69(4): 925-937.

ZHENG G, WANG H, WRIGHT T J, et al, 2017. Crustal deformation in the India-Eurasia collision zone from 25 years of GPS measurements[J]. Journal of Geophysical Research: Solid Earth, 122(11): 9290-9312.

ZHENG T, DING Z F, NING J Y, et al, 2018. Crustal azimuthal anisotropy beneath the southeastern Tibetan Plateau and its geodynamic implications[J]. Journal of Geophysical Research: Solid Earth, 123(11): 9733-9739.

ZHOU J C, SUN H P, XU J Q, et al, 2016. Estimation of local water storage change by space-and ground-based gravimetry[J]. Journal of Applied Geophysics, 131: 23-28.

ZHU Y Q, LIANG W F, XU Y M, 2008. Medium-term prediction of M_S 8.0 earthquake in Wenchuan, Sichuan by mobile gravity[J]. Recent Developments in World Seismology, 7: 36-39.

ZHU Y Q, ZHAN F B, ZHOU J C, et al, 2010. Gravity measurements and their variations before the 2008 Wenchuan earthquake[J]. Bulletin of the Seismological Society of America, 100(5B): 2815-2824.

ZOBACK M D, 1983. State of stress in the lithosphere[J]. Reviews of Geophysics, 21(6): 1503-1511.